新型农村干部暨大学生村官培训丛书

农业技术推广与农村招商引资

编著者

张志勇　李志敏

张　卿　田　锦

金盾出版社

内 容 提 要

本书为“新农村干部暨大学生村官培训丛书”的一个分册。内容包括：概述，农业技术推广的政府支持渠道，农业技术推广体系，农业技术推广方式及案例，招商引资的主要工作，农村农业和企业领域的招商引资，农村开发区与园区的招商引资。内容系统完整，语言通俗易懂。适合各级党组织部门，政府农业部门及负责农村干部、大学生村官培训的专门机构组织农村干部、大学生村官培训时使用，亦可供相关部门的干部、农业院校相关专业师生阅读参考。

图书在版编目(CIP)数据

农业技术推广与农村招商引资/张志勇等编著．—北京：金盾出版社，2010．1

（新型农村干部暨大学生村官培训丛书）

ISBN 978-7-5082-6053-2

Ⅰ．农…　Ⅱ．张…　Ⅲ．①农业技术—技术推广②农村—外资利用—中国　Ⅳ．S3-33．F832．6

中国版本图书馆 CIP 数据核字(2009)第 189851 号

金盾出版社出版、总发行

北京太平路 5 号（地铁万寿路站往南）

邮政编码：100036　电话：68214039　83219215

传真：68276683　网址：www.jdcbs.cn

封面印刷：北京精美彩色印刷有限公司

正文印刷：北京军迪印刷有限责任公司

装订：大亚装订厂

各地新华书店经销

开本：850×1168 1/32　印张：6　字数：145 千字

2010 年 1 月第 1 版第 1 次印刷

印数：1～10 000 册　定价：11.00 元

新型农村干部暨大学生村官培训丛书编委会

序

党的十六届五中全会提出，推进社会主义新农村建设是现代化进程中的重大历史任务，是党领导亿万农民共同进行的一项伟大事业，是经济社会发展进入新阶段的客观要求，是全面建设小康社会、构建社会主义和谐社会的迫切需求，是巩固党的执政基础的重要举措。全面建设小康社会、推进现代化建设最艰巨、最繁重的任务在农村，落实科学发展观、构建和谐社会的重点和难点也在农村。农村干部是贯彻落实党在农村各项方针政策的组织者和领导者，担负着领导、管理、组织农村经济社会发展的重任，是推进农村改革发展的骨干力量。建设一支守信念、讲奉献、有本领、重品行的农村基层干部队伍，对做好农村工作至关重要。加强农村干部作风建设，关系到党的路线方针政策在农村的贯彻执行，关系到党和政府的形象，关系到农村的社会稳定。处于最基层的村干部群体，“官”虽不大，却掌管着农村政务及村民生活的大事小情。中国有 8 亿农民，分布在 60 多万个行政村中，约有 500 万村干部在管理这些村庄。建设社会主义新农村，他们的作用举足轻重。由此可见，不断提高他们的素质的重要性和紧迫性。

为了加强农村基层建设，不断提高农村的管理水平，党和政府做出了为广大农村配备大学生村官的重大决策。2008 年，中央组织部等有关部门决定，用 5 年时间选聘 10 万名高校毕业生到农村任职。中共中央政治局委员、中央书记处书记、中组部部长李源潮同志指出，要切实做好选聘高校毕业生到村任职工作，这既是为社会主义新农村建设培养骨干力量，更是新时期培养新一代德才兼备干部的重要途径，也是党和政府在十七大后所做出的最具战略意义的重大决策。实践证明，实施大学生“村官”工作计划对打破农村人才匮乏局面，改善农村干部队伍的人才结构，提高农村干部的整体素质，促进科技成果转化和推广，促进农村公共管理水平提高和城乡人才双向流动，拓宽培养选拔干部途径，推进新农村与和谐社会建设具有重要意义和积极作用。大学生村官在发展农业、致富农民、建设新农村的过程中，不负重托、不辱使命、不畏艰难，扎根基层，扎实工作，历练人生，施展才华，以实际行动赢得了广大干部群众的欢迎和赞誉，用自己的智慧和汗水谱写无愧于时代的青春壮丽篇章。但是我们也应该看到，这些大学生刚从精美的“象牙塔”中走出，如何使他们尽快适应农村的生活、做好农村工作，尚需进行深入细微的引导、教育和培养。

多年来，以北京农学院院长、北京新农村建设研究基地主任王有年教授为代表的一大批长期致力于“三农”问题研究的专家、学者，开展了形式多样的科教兴村富民活动，他们在组织编写出版“城郊新农村建设丛书”(14 本)，“大学生村官培训教程”的基础上，为不断提高农村基层干部和大学生村官的素质，再次与金盾出版社联袂推出“新型农村干部暨大学生村官培训丛书”。这套“丛书”的出版，有助于加强对基层农村干部和大学生村官的岗位培训，提高他们的综合素质，实现带领广大农村群众奔小康、构建社会主义和谐新农村的历史使命。

编委会人员为出好这套“丛书”进行了多方调研和精心策划，从现阶段农村干部和大学生村官培训的实际出发，将培训的热点和重点归纳为 15 个选题，组织了数十位富有农村工作及农业科技实践经验的专家、学者精心编写。因此，“丛书”具有很强的针对性、实用性和可读性。我相信，这套“丛书”既可作为农村基层干部和大学生村官岗位培训指导用书，也是实施“科普惠农兴村计划”的有益读本。

舒惠国

2009 年 11 月 18 日

注：舒惠国同志为全国人大农业与农村委员会副主任、中国农学会副会长

前　言

农业技术推广与招商引资是农村基层干部的重要工作，也是农村干部带领农民致富的两大途径。本书在系统讲述农业技术推广、农村和园区招商引资的基础上，介绍了适用于我国的农业技术推广模式、农业和企业领域招商引资及开发区与园区的发展与招商引资等内容，对农村干部（村官助理）开展工作具有一定指导意义。

本书由张志勇、李志敏、张卿、田锦编写，其中第一章（概述）、第三章（农业技术推广体系）由张志勇编写，第二章（农业技术推广的政府支持渠道）、第四章（农业技术推广方式及案例）由李志敏编写，第五章（招商引资的主要工作）由张卿编写，第六章（农村农业和企业领域的招商引资）和第七章（农村开发区与园区的招商引资）由田锦编写，全书由张志勇统稿。

在本书的编写过程中，参考和借鉴了国内外许多专家、学者的相关著作，在此深表感谢！由于笔者水平有限，编写时间仓促，本书还存在许多不足之处，敬请专家和读者批评指正。

编著者

目　录

第一章 概 述

第一节 农业技术推广与招商引资的意义

经过30多年的改革开放和发展,我国农业和农村经济取得了举世瞩目的成就,目前已经进入了一个崭新的发展阶段。粮食供给由长期短缺变为总量基本平衡,且丰年有余,农业发展由资源约束转为资源与市场双重约束,农业由解决温饱的需要转向进入小康、实现农民致富的更高需求。随着农业和农村经济的发展,出现了一些新问题,一是粮食等农产品总量供过于求出现了农民卖粮难,单产提高,收入反而下降;二是部分农产品在当前市场经济条件下表现出优质品种少,低质品种多,高档次的少,普通品多。随着我国加入世界贸易组织(WTO),为使我们的农产品在国内占据主导地位,改变目前农产品增产不增收对我国农业生产造成的不利局面,对农业生产结构进行战略性调整就成为一个迫在眉睫的问题。这一系列问题的解决,都需要我们认真研究如何加强农业技术推广和促进农村招商引资。加强农业技术推广也是广大农民发展家庭经营、提高农业生产经济效益的要求。近年来,广大农民努力掌握科学技术,掌握多种经营和农业生产的技术知识,靠技术增产、靠技术致富的愿望和要求越来越迫切。只有加强对农业技术推广体系研究,改善农业技术推广服务,才能满足广大农民对科学技术的迫切要求,帮助他们提高科技文化素质,依靠先进技术搞好家庭经营,搞好农业生产,不断提高经济效益和增加经营收入。事实证明,农业技术推广与招商引资是农村干部带领农民致富的两大途径。

无论是农业科技推广还是农村招商引资，在具体实施过程中，农村干部是一个非常重要的环节，具体体现在：农村干部最了解当地实际情况，对当地有深厚感情，能够因地制宜、真抓实干；农村干部既是组织者，也是具体的实施者，因此他们的意愿是站在不同角度考虑后的决策，具有代表性；农村干部是既是农业科技推广人员的助手，又是最先接受科技培训的群体，他们的生产举动有很大的示范作用；农村干部是投资者的桥梁和纽带，因为他们既清楚招商条款又代表着广大农民的切身利益；农村农业科技推广与招商引资成效如何在当前也是考核农村干部的主要指标。

大寨村党总支书记，大寨集团董事长郭凤莲带领新大寨人共同致富的事迹就是一个典型的例子。

郭凤莲参加工作以来，以一个普通劳动者的姿态投身于农村建设，带领全村农民通过农业科技推广、招商引资两大途径实现了全村的共同富裕，并为当地经济的发展做出了重大贡献。

一、实施外向型发展战略，大力推进招商引资、兴办实业

大寨曾经是举世瞩目的地方，20 世纪 60～70 年代凭着自力更生，艰苦奋斗的实干精神，在我国农业发展史上书写下浓墨重彩的一笔。党的十一届三中全会后，全国农村掀起了新一轮改革的浪潮，党中央推行联产承包责任制，制定开展多种经营，发展乡镇企业的方针、政策，使我国的农村走上了快速发展的轨道，千万元村百万元户成为一个时代的象征，而当时的大寨由于种种原因，在发展的道路上明显落后于时代的节拍，仍然囿于传统农业的思维方式，耕种着 46.7 公顷耕地，经营着一座年产 10000 吨的煤矿，全村每年的总收入只有 270 余万元，人均纯收入 735 元，集体经济没有发展，个体和私营经济也是白纸一张，村里死气沉沉，村民情绪低落。

在时代呼唤大寨发展、形势要求大寨前进的压力面前，郭凤莲重返大寨，挑起了大寨当家人的重担。她采取了“一看二改三干”三步走的方略，适应市场经济，营造发展氛围，使大寨人认识到：大寨人既然能在计划经济的年代里用自己的双手谱写战天斗地的英雄诗篇，就一定能在市场经济的大潮中以自己的智慧创造改革开放的不朽业绩。“看”，使大寨人开了眼界，认识到自己的差距；改，使大寨人换了脑筋，摒弃了旧的观念；“干”，使大寨人有了信心，感受到希望的曙光。从 1992 年至 1994 年，短短 2 年时间里，在郭凤莲的率领下，大寨这个旧时代的典型已焕发出勃勃生机，农业到了户，工业起了步，第三产业开了路，发展大寨的良好氛围形成了。

大寨的农村经济要发展，农民收入要增加，如果仅在 46.7 公顷耕地里淘金，那只能是望洋兴叹，缘木求鱼。对此郭凤莲已从全国先进农村的经验中深深认识到这一点。可是面对一无资金，二无技术，三无人才的窘境，如何去开拓，从何处下手，的确是一件非常难的事情。

(一)打破固步自封，走出去，请进来

封闭、保守是发展的大敌，坐井观天只能使自己停滞不前，这是亘古不变的真理，也是大寨 20 世纪 80 年代的写照。要发展，就得走出大寨，走出娘子关，郭凤莲深悟这个道理。为此她成立了大寨经济开发总公司，并制定优惠政策，筑巢引凤。首先，派出部分干部、群众到山东、江苏、天津、北京等地学习取经，一住 3 个月，既学管理，又学技术。其次，大力引进设备、人才，尝试着发展村办企业。第三，广泛利用新闻媒体，报道大寨，宣传大寨，三管齐下，为发展造势。虽然经历了多次失败，但村办企业在大寨发展起来了，1992 年组建了大寨经济开发总公司，先后建成了大寨中策水泥股份有限公司，大寨酒业有限公司，大寨煤炭发运站，大寨森林公园，联合兴建了山西大寨农牧公司、养殖基地，山西大寨饮品公司，大寨投资公司，大寨新农业科技发展公司等 8 个企业。从此，大寨群众观念大转变、产业结构大调整、集体经济大发展、群众生活大提高、生态环境大改变、大寨踏上了快速发展的经济轨道,生产、生活、生态发生了日新月异的变化。

(二)充分挖掘优势,用名牌创名牌,名牌是市场经济的衍生物,也是每个企业家追逐的目标

名牌战略就是效益战略。在名牌战中,大寨具有得天独厚的优势,大寨是名地,郭凤莲是名人,名人名地的有机结合是一笔巨大的无形资产,也是经济腾飞的最佳载体。郭凤莲深谙这个道理并巧妙地利用了这个优势,如开发大寨旅游业就是挖掘名牌的最好见证。历史上,大寨曾荟萃了众多的中外名人,虎头山也曾经是人们向往的地方,利用这些优势,郭凤莲开发了虎头山森林公园旅游业。连续几年,大寨从集体积累中拿出近千万元资金投向虎头山,兴建展览馆,纪念亭,铺通旅游路,大面积植树、种花、美化环境,使昔日的虎头山亭台相映,绿树成荫,营造成环境优雅的旅游胜地,与此相配套,餐饮业、服务业、小商经销业应运而生。从1996年至2008年底,虎头山接待游客累计200余万人次,旅游业收入累计2 500多万元,成为大寨经济新的亮点。大寨核桃露在短短的几年内,一举成为国内领先的健康饮品,荣获中国市场饮料健康价值(五颗星)顶级桂冠,直至目前核桃露、黄金饼、面粉、系列酒等10多种大寨牌产品走出了娘子关,行销省内外,既利用了名牌,又创出了名牌。2008年大寨全村经济总收入达2.6亿元,人均纯收入8 000元,上缴税金1791.4万元,连续11年位居昔阳县纳税第一村。发展是无止境的,郭凤莲说:"大寨还要向先进单位学习,大胆开放、锐意改革,把大寨品牌做大做强,回报社会,回报人民"。

二、加大农业的科技投入,促进农业科技推广

农业是大寨的立村之本,也是大寨的传统产业,虽然大寨的农

业收入所占的比例不大，但农业的地位却始终没有改变。当然，如果沿袭传统农业的耕作方式，不但农业无法发展，而且还会萎缩，必须引入现代农业观念，向高、精、尖进军。在农业产业结构调整中，郭凤莲带领大寨人，坚持科技兴农的战略，加大农业的科技投入，建设了科技农业示范园区，园区不仅局限于大寨村，还覆盖了与大寨毗邻的武家坪、留庄、高家岭、金石坡等村，园区面积由 1.8 千米^2 扩展到 20 千米^2，这既是她发展高科技农业的宗旨，也是她帮助扶持周边地区农村发展，增加农民收入的目的。近几年，郭凤莲想方设法引进资金，用于科技园区的建设，目前已完成了大寨村团结沟塘坝工程，为金石坡村铺设了 1500 米长的地下引水管道，为武家坪村建起了蓄水 1500 米^3 的水池，为留庄、武家坪村建起日光节能温室 30 个，累计投入资金 300 多万元。园区建设使农民既看到科技带来的实惠，也感受到产业结构调整的重要，更体会到郭凤莲致富不忘众乡亲的情结。

大寨村经济的全面发展，也带给了当地农民生活水平的全面提高：1998 年以来，已为村民修建别墅住宅，安置村民 90 户。在此项建筑投资方面，采取的办法是个人集资 40%，集体补贴 60%，家家住上二层小楼，户户接上了程控电话和闭路电视。1993 年开始实施村民养老金制度，60 岁以上的老人每月可领取 200 元，70 岁以上的老人，每月领取 300 元，实现了老有所养。同时，入学儿童免除了学杂费，大学生每年享有奖学金 1000 元。2008 年为全体村民解决了医疗保险，这样为民服务方面就实现了“五个有”和“三个不”，即：小有教（从幼儿到小学免费上学），老有靠（实行养老保险金制度），烧有包（煤炭由集体供给），病有报（实行医疗保险金制度），考有奖（凡考入大、中专的学生发给奖学金），和吃水不用吊（自来水），运输不用挑（集体提供车辆运肥拉秋），看病不用跑（村有医疗保健站）。

第二节　农业技术推广的概念、特征、目的、程序和原则

一、农业技术推广的概念

所谓农业技术推广，按照《中华人民共和国农业推广法》的规定，它是指“通过试验、示范、培训、指导及咨询服务等，把农业技术普及应用于农业生产的产前、产中、产后全过程的活动”。剖析其内涵是：其一，农业科技推广的方式，包括试验、示范、培训、指导、咨询服务以及提供信息等，强调对农业技术的试验和验证，以及示范作用。其二，农业科技推广的环节，包含农业生产的产前、产中、产后，在强调产中推广服务的同时，更要开拓产前和产后的推广服务，使推广服务领域更宽广。

二、农业技术推广的主要特征

明确农业技术推广的特征，有助于深刻理解农业技术推广的内涵、目标、内容和推广方式，可以使我们正确把握农业技术推广的发展方向和本质规律。不管是从农业技术推广的理论(狭义、广义或现代农业技术推广)还是从世界各国的农业技术推广实践看，农业技术推广的教育性特征都是非常明确的。这种特征表现在：以农民为工作对象，根据实际情况，通过试验、示范、培训、指导及咨询服务，把实用的知识、技术和信息传播给他们，以提高农民的科学文化素质，从而推动农村科学经济文化的整体发展。

正确认识农业技术推广的教育性具有重要的现实意义。首先，有利于弱化行政式农业技术推广。长期以来，我国农业技术推广工作中的行政色彩非常浓厚，虽然在一定时期内发挥了重要的

作用,但随着市场经济体制的引入和农业经营制度的革新,已经不适应外界环境的变化,并且阻碍了农业技术推广的进一步发展。其次,确立农业技术推广的教育性特征,就是要尊重农民接受和采用新技术的自主权。明确技术推广工作的职责是向农民传播新知识、技术和信息,不是代替农民做决策,而且农业技术推广的目标要与农民的目标取得一致,否则就难以提高推广效率和效果。再次,有利于推进人与物的结合。随着农业生产和农村社会的进步,农业生产的目标也从片面的追求增产,逐渐转向追求经济效益、社会效益和生态效益相统一的可持续发展的现代农业阶段。因此,农业技术推广的目标不仅是要通过交流增进农民的知识和技能,改善其知识结构,更重要的是要更新其观念,提高其综合素质,以服从于可持续的现代农业发展战略的要求。所以,在技术推广工作中既要重视技术的普及应用,也要重视对人的培养;既重视经济效益,也重视社会效益和生态效益的共同进步。最后,有利于相互学习和沟通。既然农业技术推广具有教育性的特征,那么在推广工作中就应尊重和发挥教育规律的作用。因而在推广实践中,推广工作者要以平等的态度接近农民,耐心指导启发农民,营造一种互相尊重、互相关心和互相学习的工作氛围。同时,也应学习和总结农民的成功经验,了解农民的需要和生产中的问题,这有助于提高农业技术推广的有效性。

三、农业技术推广的目的

从以上农业技术推广的含义与概括可知,农业技术推广工作从传播知识与信息、培养个人主导才能与团体协作能力等方面,足以对提高农村人口素质与科技进步水平、推动农村发展产生重要的影响。农业技术推广是以人为对象,通过改变个人的能力、行为与自身条件,来改进社会事务与环境的工作。因此,农业技术推广的目的可以分为直接目的和间接目的 2 个方面。直接目的具有促进农村人口改变个人知识、技能、态度、行为及自我组织与决策能力的作用,而间接目的是通过直接目的成果而显示出来的推广作用,或者说是农业技术推广工作通过改变农村人口的状况而进一步达到改变农村社会、经济、环境的目的。

(一)直接目的

1. 增加农民的基本知识与信息 农业技术推广工作旨在开发农村的人力资源。知识和信息的传播为农民提供良好的非正式校外教育机会,这在某种意义上就是把农民带进了课堂。

2. 提高农村劳动力的生产技术水平 这也是传统农业技术推广的目的。通过传播和教育过程,农业技术创新得到推广扩散,农村劳动力的农业生产技术和经营管理水平得到了提高,从而增强了农民的职业工作能力,使农民能够随着现代科学技术的发展而获得满意的农业生产或经营成果。

3. 提高农村居民的生活技能 农业技术推广工作还涉及到农家生活咨询。因此,通过教育和传播的具体方法,农业技术推广工作可能针对农村老年、妇女、青少年等不同对象提供相应的咨询服务,从而提高农村居民适应社会变革以及现代生活的能力。

4. 改变农民的价值观念、态度和行为 农业技术推广工作通过改变行为的不同层面从而促使人的行为发生改变。农业推广教育、咨询活动引导农民学习现代社会的价值观念、态度和行为方式,这使农民在观念上也能适应现代社会生活的变迁。

5. 增强农民的自我组织和决策能力 农业技术推广工作要运用参与式方式来激发农民自主、自立与自助意识。通过传播信息与组织、教育、咨询等活动,农民在面临各项问题时,能有效地选择行动方案,从而缓和或解决问题。农民参与农业技术推广计划的制订、实施和评价,必然可以有效提高农民的组织与决策能力。

(二)间接目的

1. 促进农业科技成果转化 农业技术推广工作具有传播农

业技术创新的作用。农民采用了农业科技以后，农业科技成果才有可能转化为现实的生产力，对经济增长起到促进作用。在农业技术创新及科技进步系统中，农业技术推广是一个极其重要的环节。

2. 提高农业生产与经营效率　农业技术推广工作具有提高农业综合发展水平的作用。农民在改变知识、信息、技能和资源条件以后，可以提高农业生产的投入产出效率。一般认为，农业发展包括的主要因素有研究、教育、推广、供应、生产、市场及政府干预等，农业技术推广是农业发展的促进因素，是改变农业生产力的重要工具。

3. 改善农村社区生活环境及生活质量　农业技术推广工作具有提高农村综合发展水平的作用。在综合农村发展活动中，通过教育、传播和服务等工作方式，可以提高农村人口对生活环境及质量的认识和期望水平，进而引导人们参与社区改善活动，发展农村文化娱乐事业和各项基础服务，以达到更高水平的农村环境景观和生活内涵，同时促进社会公平与民主意识的形成。

4. 优化农业生态条件　农业技术推广工作具有促进农村可持续发展的作用。通过农业技术推广工作，可以改变农业生产者乃至整个农村居民对农业生态的认识，使其了解农业对生态环境所产生的影响，树立科学的环境生态观、实现人口、经济、社会、资源和环境的协调发展，既能达到发展经济的目的，又可以保护人类赖以生存的资源和环境，使子孙后代能够永续发展和安居乐业。

5. 促进农村组织发展　农业技术推广工作具有发展社会意识、领导才能及社会行动的效果。通过不同的工作方式，农业技术推广人员可以协助农民形成各种自主团体与组织，从而凝结农民的智慧和农村拥有的资源和力量，进一步发挥农民组织的影响力。

四、农业技术推广的程序

科学技术是第一生产力，但科学技术只有应用于生产实践当中才能转化为现实生产力。农业技术推广是农业科研成果转化为现实生产力的桥梁，是农业科研成果持续和再创新的关键环节，是联系科研、教育及生产的纽带，是促进农业发展和增强农业竞争能力的重要支撑。搞好农业技术推广工作首先要明确农业技术推广的程序和各阶段的主要工作内容。

(一)项目选择

项目选择是指收集信息、制订计划、选定项目的全过程，是农业技术推广工作的前提。选择项目时首先要对推广地的农业生产现状、自然条件、经济条件、人文环境、教育水平等情况进行认真细致的调查分析，在此基础上选择具有前瞻性、创新性、先进性、科学性、实用性等特点的适宜技术进行推广，或者根据已有技术成果的特点选择适宜的推广方式进行推广。

农业技术的来源主要有以下 4 个方面：一是引进国外先进的技术；二是科研、教学等单位的科研成果；三是农业技术推广部门的技术改进；四是农民群众先进的生产经验。

(二)试　验

农业技术推广项目确定后，切忌立即进行大面积、大范围、大规模的推广，而要将所选定的技术在推广地进行适应性试验以及探讨开发性试验。

1. 适应性试验　适应性试验就是验证所选定的技术是否适应于当地的自然、生态、经济等条件，确定新技术推广的价值和可靠程度。

2. 探讨开发性试验　探讨开发性试验就是对所选定的新技术进行探讨性改进试验，以寻求该项新技术成果在本地推广的最佳实施方案，是理论联系实际对原有技术成果进行改进创新的重要过程。

(三)示 范

示范就是树立样板，通过实际操作，向农民展示某一新成果的实际应用效果或某一新技能的实际操作过程。也是对广大农民、乡镇干部、科技人员进行宣传教育、使其转化思想的过程，是农业技术推广的关键环节。示范包括成果示范、方法示范及推广工作中行之有效的手段和方法示范。

示范可由科技示范户、专业户，也可通过县、乡(镇)、村统一建立示范田、示范基地来进行。目前，各地创建的各种科技示范园区和星火技术密集区，就为新技术的推广起到了很好的示范作用，值得提倡并应给予大力支持。

(四)培 训

培训是一个技术传输的过程，是农民尽快掌握新技术的关键，也是提高农民科技文化素质、转变农民生产行为最有效的途径。

培训的方式多种多样，概括起来有以下 4 类：一是集中培训，就是由专业技术人员或科技致富能手集中向农民传授新技术、新方法的过程，如专题讲座、农民夜校等；二是实地指导，就是专业技术人员到实地结合实际情况指导农民应用科学技术从事生产活动，这种培训方式农民易于接受，也非常受农民的欢迎；三是大众媒体教育，包括报纸、杂志、广播、电影、电视、互联网等；四是通过印发各种科技图书、画册、科普资料及其他一些科技宣传材料，使广大农民通过自学掌握科技知识。农业技术推广中的技术培训必须因地制宜地采取多种方式相结合的培训方法。

(五)服 务

服务就是为农民提供政策、信息、技术、物资供应及农产品加工、贮藏和运销等产前、产中、产后的一系列便农活动。做好服务工作需要各级政府、媒体、推广、财政、供销、金融、水电等部门的通力协作。目前，我国农业技术推广服务体系中存在不少问题，严重影响了农业科技成果转化的速度和质量，应引起各级政府的高度重视，并通过农业技术推广体制改革尽快完善农业技术推广服务体系。

(六)推　广

推广是指新技术应用范围迅速扩大的过程，是先进技术转化为直接生产力，并产生效益的过程。

1. 我国农业技术推广的主要形式

(1)政府推广机构为主体的推广形式　就是指从中央到基层乡镇各级政府设立的农业技术推广机构所进行的农业技术推广活动。政府农业技术推广机构和推广人员遍及全国各地，承担着农业技术推广的主要任务，是我国农业技术推广的主要形式。

(2)农业科研院所和农业院校为主体的推广形式　就是指农业科研院所、高等农业院校将具有独立知识产权的农业技术成果通过协商、技术入股或技术转让等方式运用于农业生产的实践当中。此种推广形式可以将科研单位的技术优势和生产单位的资源、资金、原材料、设备、供销渠道等优势有机地结合在一起，加速科技成果的转化和效益的充分发挥。

(3)企事业单位和民间组织为主体的推广形式　就是指一些农业企业(公司)、事业单位或农村各种合作社、专业技术协会(研究会)以及其他各种专业性服务组织，通过与分散农户签订合同，将先进、实用的农业技术应用于生产当中，并提供产前、产中、产后的系列化服务，实行产供销一体化经营。此种推广形式是在社会主义市场经济情况下形成并逐步发展起来的科技成果转化与推广的新途径。

(4)公益性大众媒体的推广形式　大众媒体作为一种信息的传播工具，具有传播速度快、覆盖面广、成本低、效益高等突出特点。它既是农业技术推广中信息扩散的有效方法，也是农业技术推广的有效方式之一。近几年来，采用公益性媒体进行农业技术推广越来越被人们所重视。

(5)农业技术综合开发的推广形式　农业技术综合开发是以技术为依托,以市场为导向,以开发利用科学技术成果、提高经济效益为宗旨的活动,是农业技术推广的有效方式。农业技术综合开发必须由高等院校、科研院所与地方政府、农业推广机构及生产单位多个部门配合进行,以便实现对某些先进技术、先进产品、先进工艺的引进及应用性的改进组装。

2. 农业技术推广的方法　农业技术推广方法是指农业技术推广部门和推广人员为达到推广目标,对推广对象所采取的不同形式的组织措施和教育、服务手段。农业技术推广方法按传播方式可分为大众传播法、集体指导法和个别指导法三大类。

(1)大众传播法　大众传播法是推广者将农业技术和信息经过选择、加工和整理,通过大众传播媒体传播给广大农民群众的推广方法。这种方法的特点是信息传播的权威性高、传播数量大、速度快、成本低、范围广,但信息传递方式是单向的。

(2)集体指导法　集体指导法就是推广者将广大农民群众普遍关心的技术、信息等问题集中向农民传授的推广方法。这种方法的特点是指导范围较大,推广效率高,双向交流信息,信息反馈及时,利于开展讨论,达到一致意见,注重整体效应,但针对性差,难以满足个人需求。

(3)个别指导法　个别指导法是推广人员和农民单独接触,研究讨论共同关心或感兴趣的问题,向个别农民直接提供信息和建议的推广方法。这种方法有利于农民智力的开发和行为的改变,且针对性强,解决问题直接,可双向沟通信息,但信息的发送较为有限。

(七)评　价

评价是对推广工作进行阶段性总结的综合过程。农业技术推广基本结束时,要对推广工作进行全面、系统的总结和评价,进一步充实和完善所推广的技术，并产生新的技术。

农业技术推广工作要遵循推广的程序，但更重要的是推广人员要根据推广地的实际情况和所推技术的特点灵活掌握和运用，切不可生搬硬套。

五、农业技术推广的原则、必要性和意义

（一）农业技术推广的原则

1.《农业技术推广法》中规定的原则

（1）有利于农业的发展　农业技术推广工作的根本目标就是通过农业技术的普及与应用，促进农业的发展。这是农业技术推广的根本目的，也是鉴定一项农业技术是否具备推广价值或者推广活动是否有效的标准。

（2）尊重农业劳动者的意愿　自愿的原则是农业技术推广与应用的一项基本原则。农业劳动者根据自愿的原则应用农业技术，任何组织和个人不得强制农业劳动者应用农业技术。《农业技术推广法》第20条规定："任何组织和个人不得强制农业劳动者应用农业技术。强制劳动者应用农业技术给农业劳动者造成损失的，应当承担赔偿责任，直接负责的主管人员和其他直接负责人员可以由其所在单位或上级机关给予行政处分。"

（3）因地制宜，经过试验、示范　农业生产受自然环境影响和自然力作用较大，一项农业技术在甲地是适用的先进技术，在乙地则不一定也适用。因此，农业技术推广一定要因地制宜，经过试验、示范。

（4）国家、农村集体组织的扶持　农业技术推广机构和农业技术人员推广先进的农业技术，农业劳动者和农业生产经营组织采用先进农业技术，国家和农村集体经济组织者要给予扶持，比如提供农业技术推广经费，加强农业技术推广服务体系建设，稳定农业技术推广队伍，鼓励农民采用先进技术，支持农民举办科技组织等。

(5)实行科研单位、有关学校、推广机构与群众性科技组织、科研人员、农业劳动者相结合的原则 农业技术推广本身具有严格的科学性和复杂性，而且量大面广，涉及农业科研、教育、技术推广机构，农村民办科技组织、科研人员与农业劳动者，只有将科研、教育、推广、生产、服务结合起来，才能取得整体效益。

(6)讲求农业生产的经济效益、社会效益和生态效益 现代农业持续发展的目标要求必须注重经济效益、社会效益和生态效益的结合，因此，农业技术的推广不能只顾经济效益，而忽视社会效益和生态效益。

2. 建立高效农业技术推广模式的原则

(1)用户导向原则 要使农业科技推广富有成效，就必须树立和坚持用户导向的观念，并将用户导向作为农业推广创新模式运行的首要原则。

在市场经济体制下，用户导向原则是指导建立高效农业科技推广模式的核心思想，如果离开了这一原则，那么再好的农业科技推广模式也将无法达到对农户需要的有效满足。但要真正实践这一原则，就必须要求研究人员和推广人员善于对农户的需求进行评估，多做市场调研，在此基础上开发相应的技术产品，制定合适的价格，然后经由特定的渠道，有选择性地在农村社区中推广科技创新成果。因此，农业科技创新是否坚持了用户导向原则，并不在于研究人员的研究项目表面上看起来显得多么有应用价值，而是要看这些研究课题是否真正是从用户的观点出发来确定的市场需求；农业科技推广人员是否坚持了用户导向原则，也不在于是否会向农民推广某项技术，是否能为农民着想，而是在于能否通过深度的沟通技巧来真正理解农民的科技需要并努力通过有关技术、产品、服务和信息的传送有效地满足其需要。

(2)独立性原则 这里的“独立性原则”，是指农业科技推广系统必须作为一个独立完整的系统出现并发展，既不是作为政府职能机构的一个附属部门,也不是嫁接于一个已经存在的科研系统上,而是能在很大程度上自主经营、自主管理、自我发展、自我约束。如果推广系统的独立性得不到保证,势必容易造成过多的行政干预,从而使得推广系统的运行摇摆于推广工作与行政事务的双重活动之间,摇摆于以农户为顾客和以上司为顾客的双重服务目标之间。尤其在发生目标冲突的情况下,推广系统成员一般都会把领导当作自己的第一顾客,甚至为了获得好处和达到晋职、升迁的目的,不惜以牺牲农户的服务为代价。由此可见,缺乏独立性的农业科技推广系统将不可能真正坚持市场经济所要求的用户导向原则。事实上,目前我国乡镇农技人员“在编不在岗,在岗不在位”的现象较突出,不少农技人员经常被乡政府抽去搞与农技推广工作不相干的乡镇行政事务工作,无法专心搞推广,造成这一状况的重要根源就是我国农业科技推广体制一直缺乏良好的独立性。

(3)全面控制原则　所谓全面控制原则,是指政府官员和相关领域的技术专家要对推广过程中的所有重要决策实行全面控制。例如,在农业科技推广中,政府官员和技术专家必须决定选择什么样的技术创新成果加以推广,使用什么样的推广渠道,选择怎样的推广目标对象,以及如何有效地分配推广人员等,所有这些,都要实行全面控制,而不依靠工作的任意性来支配。又如,在整个科技推广过程中,推广系统必须对用户进行高度的控制和指导,如可以设立县级推广咨询委员会;在决定推广项目时,邀请用户代表参与;在指导农业科研和推广决策时,紧紧把握用户的需求,并让用户对推广系统的工作做出评价;及时从用户那里获取反馈信息并予以高度重视,等等。因此,只有贯彻全面控制的原则,农业科技推广系统才会有对推广的高度控制和支配能力,才更有能力影响所面对的农村社会环境,因而也才能更有效地诱导农户的科技需求和采纳行为。

(4)专家参与原则　这一原则是指高等农业院校和农业科研

机构的科技专家以及其他领域的相关专家必须介入到农业科技推广活动之中，并成为农业科技推广系统的一个重要组成部分。首先农业科技专家必须将各自专业领域的研究成果介绍给农业科技推广系统，然后再由推广系统传播给用户。其次，农业科技专家还必须进行与研究成果相关的专业演讲、教学和培训活动，以帮助区县级及其以下的农技推广人员跟上农业科技领域的最新发展，提高他们的专业知识素养和技能。再次，其他有关领域如市场营销、农业企业管理、农村社会学、社会心理学等方面的专家也需要从事类似的工作。可以说，只有专家的积极参与和全力配合，农业院校和研究机构的学术科研氛围才能与农户和推广人员的务实氛围有效地连接整合在一起，从而提高农业科技推广系统的整体效率。

(5)*政府主导原则* 政府主导有3层含义。一是国家农业科技推广组织应在整个农业科技推广体系中占据主导地位。二是农业科技推广体系的运行成本主要应由政府财政负担。三是不同农业科技推广组织之间的协调运行应由政府统一宏观调控和管理。之所以现阶段我们必须坚持农业科技推广的政府主导原则，主要原因就是，农业科技推广服务包括农业科研本质上具有公共物品的性质，由于公共物品消费的非排他性，以价格机制为核心的市场不可能使得其生产和供给达到最优；而靠个人之间的直接交易去解决农业技术的供给问题，由于成本太高也将得不偿失；至于民间组织，或者由于投入多、效益低而不愿意生产或提供，或者容易造成垄断，导致农户技术采纳的成本过高，生产效益下降，农户利益受到损害。因此，政府必须通过国家的预算开支，担负起农业科研和科技推广的主要责任。此外，农业产业的弱质性、经费的分散性以及经济的外部性，也决定了国家在农业科技推广中的主导地位。

第三节 招商引资的含义、原则和内容

一、招商引资的含义与原则

(一)招商引资的含义

招商引资的“商”是指投资者、客商和国内外企业;招商引资的“资”是指资本,包括境外资本和境内资本。招商引资的实质就是通过一系列的工作将区域外的资金和项目等引进来,加快当地的经济发展。因此说,招商引资是手段,经济发展才是最终目的。

招商引资活动中一定要处理好政府和企业的关系,政府既不能无所作为,但也不能越俎代庖,既不能“缺位”也不能“越位”,要做好政府和企业的职能定位和分工。在招商引资工作中,企业的定位是主体,政府的定位是主导者。政府的作用具体体现在塑造当地对外形象和营造有优势的投资环境等方面。企业的角色是直接参与项目谈判和从事项目投资建设与运营管理等。

招商引资与促进投资两者间关系密切。促进投资包括 4 个方面内容:即形象塑造、投资引进、投资服务和投资反馈。促进投资中的投资引进指的是招商引资。所以,促进投资的范围大于招商引资,但招商引资是促进投资工作的核心。促进投资既包括“引进来”(促进本国吸收境外企业投资),也包括“走出去”(促进本国企业开展对外投资),今后将发展到兼顾“走出去”。

(二)招商引资的原则

开展招商引资活动必须要把握好一些原则,把握原则的目的是为了降低招商引资成本,提高成功率,追求实效,不劳民伤财。在招商引资工作中应坚持以下几个原则。

1. 知己知彼的原则 既弄清自己的优劣势(如省情、市情、县情、区情、局情和企情等),也要把握多方的优劣势(如技术与产品

特点、准备建什么企业、生产何种商品、生产规模与所需原材料等),找到对方的兴趣点和利益结合点,做到引资对象与引资项目有针对性。

2.“活、留、招三”结合的原则 “活”即搞活办好当地现有企业,“留”即尽可能留住当地的项目和资金,“招”即在以上2点基础上尽最大努力从区外多招一些项目和资金进来。一个地区应做到以上3个方面兼顾。

3. 重点突破的原则 重点项目是指初步达成协议的项目、属于当地政府选定要重点发展的主导产业的项目或投资额较大的项目。对重点项目要跟踪跟进,要确保项目成功。

4. 招商引资机构化原则 应当成立专门机构,安排专门人员,长年负责招商引资业务。招商引资的落脚点是企业,政府招商机构可以发挥组织协调、推荐项目、搭建平台和营造招商环境等作用。

5. 科学招商引资的原则 树立招商引资方面的科学发展观主要表现在注意保护自然环境、保护名胜古迹、保护职工利益、保护中方利益、保护产业安全、节约资源和促进经济发展等方面。具体表现在“七不招”,即违反国家政策的不招、导致环境污染的不招、不能发挥本地资源优势的不招、对增加本地财政收入和就业作用不大的不招、市场过剩和重复建设的不招、对本地经济发展关联度小和技术含量低的不招、不符合当地产业发展规划的不招。

6. 合理公关的原则 招商引资离不开公关与交际。要通过适当的渠道与方式开展一些有针对性的活动,进行公关宣传和联络,树立本地良好的形象,提高知名度、美誉度和成功度。

7. 创造商机和营造商气的原则 要通过宣传、广告、投资说明会、项目洽谈会、参观、考察、交流等创造商机,营造招商引资的氛围,以便参与激烈的招商引资竞争。

8. 领导重视的原则 要把加大领导工作力度列为政府的工作重点之一,组织一些重点招商引资活动,每年力争使引资项目数、单项投资规模、投资方式和投资领域均出现新的突破。

二、招商引资的主要方式与途径

(一)会议招商

会议招商也称“会展招商”，是指通过举办各种会议和展览实现招商引资，如举办投资贸易洽谈会、博览会、项目推荐会等，即举办各种会、节、展、坛。举办会议的实际作用是搭建一个舞台和平台，让招商活动和经贸活动唱戏。开展会议招商应注意“四借”：一是借特产招商(如农业特产、矿产、海产、工业特产等)；二是借特色招商(如区位特色、气候特色、植物特色、旅游特色等)；三是借当地正面名人招商(实际上是发挥当地名人效应，但借用一定要慎重，要尊重当地名人，要注意协商与沟通)；四是借特殊历史招商(如名胜古迹、历史上的作用等)。

(二)机构招商

机构招商也称“专业招商”，与全民招商对应，主要是指成立招商局、投资促进局、招商引资办公室、经济合作办公室或投资促进中心等机构，推进招商引资工作。成立专门负责招商引资的机构，有利于确保这项工作的持续性和专业性；成立专门的招商引资机构，树立一个地区的品牌和形象，有利于应对激烈的竞争和塑造当地形象。专门招商引资机构的职能包括：协调整个地区的招商引资工作、组织重大招商活动、监督落实项目、改善投资环境、组织企业参展或考察、开展人员培训及审批企业的设立等。专门的招商引资机构有的属于直属政府机构，有的属于事业性单位。一般情况下开展招商业务以招商引资机构为主，政府其他相关部门配合。成立专门机构有利于招商引资长效促进机制。

(三)环境招商

环境招商包括硬环境、软环境和产业配套环境。硬环境是指基础设施建设状况，统称“七通一平”(即通水、通电、通气、通邮、通路、通商、通航和平整场地);软环境指政策与法规的完善程度、税收优惠程度、市场公平竞争状况、行政办事效率等;产业配套环境是近年来提出的第三个层次的投资环境概念,包括工业与服务业的配套能力、产业链、产业集聚、企业群、经济圈和组团式投资等。

(四)政策招商

政策招商即包括各层次的优惠鼓励政策,也包括使各类企业可以平等进入市场和开展平等竞争的市场环境方面的政策。提到政策招商的时候不要只是想到优惠政策,还要想到其他方面的政策。实际上,优惠政策的作用正在弱化和趋于减少,而其他方面的作用正在强化。

(五)产业链招商

产业链招商是指围绕某个产业的上下游行业开展招商,是一种新的招商方式。一系列相互关联的项目构成产业链,这一系列相关项目集中到园区布局,可以形成产业集群。为了实现产业链招商,要研究和分析产业发展规律,要准备和推出一批相互关联的招商项目材料。要研究和分析产业发展规律,要准备和推出一批相互关联的招商项目材料。发展产业链招商不仅有利于形成产业集聚和规模经济,而且有利于降低成本,还有利于提高土地的利用率。

(六)产权招商

产权招商是指出售企业的全部或部分产权,借以实现招商引资。为此,应成立产权交易所。产权招商可以推动国有企业的改革与重组,可以促进民营与私营企业的产权多元化。

(七)示范招商

示范招商也称“以商招商”。搞好服务,协助办好现有的外来投资企业,可以起到示范作用,有利于扩大招商引资。

(八)网上招商

网上招商是指要建立相应的招商网站。网上招商有三大优势,即常年性、内容多、不落幕。发展网上招商,需要在网上建立相应的栏目,如资源优势、产业优势、推荐项目、现实客商、政策法规和投资环境等。网上招商的内容要及时更新,栏目设立要考虑投资者的需要。借助网络资源,还可以在网上召开项目说明推介会或招商洽谈会。

(九)服务招商

各级政府部门要为来当地投资的企业和个人提供周到服务,要实现"零障碍"与"全覆盖"服务。成立行政审批中心,实现一条龙审批,有利于提高办事效率;设立服务中心与投诉中心等,更可以帮助投资者排忧解难。服务属于投资软环境,软环境是招商引资竞争的一个重要方面。

(十)品牌招商

一个地区拥有知名品牌有利于提高知名度,有利于吸引客商,进而可以促进招商引资。各类开发区也要形成品牌,凡有品牌的开发区招商引资搞得就好,如天津经济技术开发区(英文缩写 TEDA,中文谐音为"泰达",目前已形成"泰达"系列品牌)。

(十一)"筑巢引凤"招商

"筑巢引凤"招商属于建设硬环境方面的问题,即兴办各种区、园和谷等,只有建好载体,才能构筑好企业发展空间。

(十二)联谊招商

联谊招商是指与现实或潜在的投资者搞联谊活动,联络感情,如召开座谈会,组织考察活动等,通过开展联谊活动增进了解和信任,为以后吸引投资打下基础。

(十三)代理招商

代理招商也称"委托招商或中介招商",即请区外中介机构帮助招商。为此,应制定招商引资奖励办法。代理招商是近年来新出现的招商引资方式。

(十四)顾问招商

顾问招商也称"关系人招商",即将各种关系人聘为当地政府的顾问，借助关系人实现招商引资。关系人包括当地内外的企业家、领导干部、学者名人、科技专家、影视明星和海外侨胞等。

(十五)“走出去”招商

“走出去”招商包括人员走出去和机构走出去。相关人员到国内沿海地区或境外举办招商引资会、招商说明会和项目推介会等活动，宣传自己、介绍项目，吸引资金和项目进入。此外，还可以在其他地区设立招商办事处(代表处)，派出专门人员常驻办事处负责当地的招商工作。

除上述 15 种比较流行的招商引资方式外，还有其他一些招商引资方式需要加以注意，如中央商务区(CBD)招商、新城区招商、教育招商、金融招商、商业招商、旅游招商、房地产招商、土地招商、吸引本地在外能人回乡招商等。

三、招商引资的工作流程

招商引资工作流程是由政府招商部门(主导者)与相关企业(主体)共同完成。招商引资的工作流程主要按下面步骤进行。

(一)被引进企业所具备的条件

按政府招商要求，凡引进国外和港澳、台地区及国内非本区所属的企事业单位，其他经济组织和个人投资的合资、合作、独资等项目，注册资金 30 万元以上(一般条件)取得税务登记的企业视为被招商企业。

(二)办照前的准备工作

企业确定在招商地区投资并向招商办提出申请，确定投入资金、企业名称、法人代表、经营地址、招商办负责向工商局提出办照申请、核名、验资、组织其他要件准备办照，需 5 个工作日。

(三)办照需提供的要件

办照需提供的以下要件：①核名书；②验资报告；③房产证明及使用协议(租赁协议或使用证明)；④投资者身份复印件，2 张 1

寸照片；⑤法人单位投资需提交执照复印件(加盖公章)；⑥投资者需提交无业证明(外地人员提交暂住证)；⑦私营企业需填写8个从业人员的登记表；⑧申请书、委托书、股东会议纪要、章程；⑨房屋租赁证或自营证；⑩防火许可；⑪其他部门批准文件。

(四)办照时限

要件准备齐全由招商办工作人员送工商局7个工作日取照。

(五)办理税务登记须知

根据《中华人民共和国税收征收管理法》及其《实施细则》的有关规定，自×年×月×日起，凡申请办理税务登记，或因生产、经营场所变动涉及改变税务登记机关的纳税人(不包括个体户)，须在法定的办理期限内(自领取营业执照之日起30日内)，携带以下证件到地方税务局征管处税务登记确认窗口办理属地确认手续：①营业执照或其他核准执业证件及复印件；②居民身份证、护照或其他证明身份的合法证件及复印件；③组织机构统一代码证书及复印件；④住所或经营场所证明及复印件。

纳税人办理确认手续后，应如实填写《税务登记表》和《税务管理卡》等资料，于5日内到辖区地税部门申请办理税务登记，同时提供以下证件及复印件：①税务登记属地确认通知书；②营业执照或其他核准执业证件及工商登记表或其他核准执业登记表原件及复印件；③有关机关、部门核准设立的文件；④有关合同、章程、协议书；⑤法定代表人和董事会成员名单；⑥法定代表人(负责人)或业主居民身份证、护照或者其他证明身份的合法证件及复印件；⑦组织机构统一代码证书及复印件；⑧住所或经营场所证明；⑨主管税务机关需要的其他资料、证件：银行开户许可证；验资证明；印花税完税凭证；电话交费单；财会会计制度、会计处理办法申报表；个人所得税代扣代缴税款登记表。

第二章　农业技术推广的政府支持渠道

第一节 国家层面鼓励和支持农业科技推广

党和政府历来非常重视农业技术推广工作，经过50多年的不断发展和完善，最终从单一的政府农业技术推广体系（“中央、省、县、乡”四级构成）逐步发展成目前以政府农业技术推广部门为主导，以农业科研部门、农业教育部门、农民合作组织、企业组织以及有关群众团体等共同参与的农业技术推广体系。特别是改革开放以来，我国农业技术推广工作得到了快速发展。例如，我国农业科研经费总量逐年增加；我国农业科研队伍发展迅速，科研人力资源配制逐年丰富。目前，我国拥有世界上最多的农业科研人员，是美国和前苏联的2倍；科研人员的相对投入强度（农业科研人员人数占每百万美元农业国内生产总值的比例）为0.49，是其他国家的10倍以上；政府对农业技术推广投入的力度不断加大。国家在1986年对农业技术推广的投资为11.4亿元，1998年增加到47.6亿元，扣除物价上涨因素仍增长达62%，年平均增长达4.8%；我国农业推广体系和推广队伍建设方面也有了长足的发展，截止2008年，国家在全国种植业、畜牧兽医、水产、农机化、经营管理5个系统共有推广机构21.5万个，其中县级2.2万个，乡级约18万个，有40万个村设立了农业推广服务组织，有10万多个农村专业技术协会以及数百万个科技示范户或示范场。目前，全国农业技术推广人员约130万人，其中县级及县级以上推广人员30.9万人，占职工总人数的23%，乡（镇）级农技推广人员95.7万人，占职工总人数的71.3%。乡镇农业五站（农技、畜牧兽医、水产、农机、农经）现有在编人数 67 万人，占乡级农技推广人员总数的 70%。

尽管我国农业技术推广工作发展迅速，但目前我国农业依然比较落后是一个不争的事实。存在农民增产不增收，甚至出现负增长。目前，我国农业技术推广体系存在着投资不足、体制不合理、推广方式方法落后、人员知识断层和知识老化等问题，造成我国科技进步对农业增长的贡献率仅为 40%左右，比起发达国家 80%的农业增长科技贡献率相差甚远。据调查，有 41%的农户认为采用农业技术增加的收入占农业收入的百分比不足 10%，71%的农户认为不足 20%。此外，在农业技术推广的速率上，大部分农户认为，除作物新品种外，其他的农业技术推广速率都有所下降。据农业部科教司统计表明，在农业科研中，我国虽然每年有 6000 多项重大成果问世，但转化为现实生产力的只有 30%～40%，且真正具有规模的转化率不足 20%。而发达国家的农业科技成果转化率为 70%～80%。我国的农业技术工作没有充分发挥它应有的作用，农业技术推广的效率依然比较低下。

第二节 我国普及农业技术的依靠力量

农业技术推广是一个复杂的系统工程，涉及众多相对独立且功能各异的行为主体。在众多的参与主体中，农业技术推广的主导者（政府）、农业技术的供体（农业科研机构）、农业技术的载体（农业技术推广部门）以及农业技术的受体（农业生产者）是最重要的和最基本的“四大主体”，他们的行为决定着农业技术推广的进程和力度。

一、农业技术推广的主导者——政府

农业技术推广作为农业科学技术转化为生产力的重要桥梁，

决定其实施效果高低的一个重要主体就是制定政策并推进政策实施的政府。政府的领导方式、组织形式、政策导向以及投资力度等因素将直接决定着农业技术推广的方向及农业技术的采用水平，进而影响农业的整体发展。在经费投入方面，政府投入的总量在逐年增加，同时也考虑到了农业推广队伍的扩大，农业技术推广的人均经费(包括事业费、专项推广经费)随经济的增长而相应增长，近几年来政府农业技术投资渠道不再单一，投资比例趋于合理，这在很大程度上提升了农业技术推广的进度和质量；在制度建设方面，农业技术推广方面的用人机制、激励机制逐步健全，也激发了农业技术推广人员的工作积极性；在组织管理方面，政府主导实行了“公司＋农户”“订单农业”等多种促进农民增产增收的农业技术推广模式；政府在农民培训、技术推广等方面高度重视。

二、农业技术的供体——农业科研机构

近年来我国对农业科研的重视程度及投资力度都在不断加强，农业科研机构在技术成果的转化方面取得了显著的进步，真正应用于农业且促进农业增产增收的技术越来越多。促成这一局面的原因包括以下几个方面：一是农业科研经费逐年增加。我国目前农业科研机构既包括国家级、省级和县级的农业科研院所，还有许多农业院校，农业科研人员，由于科研经费不断增加，有力地发挥了科研人员的潜能和调动了他们工作的积极性。二是农业科研的上游和下游信息实现了对称。目前，由于科研人员注重参与到农业生产的全过程，从而可以详细了解农民在生产中所遇到的问题，进一步为农民提出解决对策。科研人员把农民的切身利益和对技术的真正需求体现在农业研究的计划中去，从而保证了研究成果符合农民的需要。目前，虽然农业科研机构和农业技术推广机构是两个独立的体系，但是两者能够做到及时沟通避免信息，推广部门掌握大量的信息也能及时反馈到高校、科研院所。三是农

业科研机构的评价体系基本健全。高校、科研院所改变了过去重理论、轻应用,重研究、轻开发的评价体系。农业科研人员也不再一味重视论文的发表、专利的申请、成果的鉴定而忽视成果的开发和推广,这些改变都促进了农业技术成果的产出和转化。

三、农业技术的载体——农业技术推广部门

在现行农业推广制度下,农业技术推广及开发的速度、效果、服务质量、最后效益都能和推广主体的努力程度或付出挂钩,农业制度对农业科技进步具有有效的激励机制。目前,我国各级农业技术推广部门既受农业行政部门的直接领导,同时又受上级推广机构的业务指导,所行使的职能一般是通过试验、示范、培训指导以及咨询服务等,把农业技术普及应用于农业生产产前、产中、产后全过程的活动,注重实用技术的应用推广,同时也注意农民整体文化素质的提高。但总体来看,尽管我国农业技术推广总经费虽然有所增长,但由于农业技术推广人员的数量的积聚膨胀,增加的农业技术推广经费只是壮大了推广队伍,增加了就业人数;由于农业技术推广部门工作人员的工资增长缓慢,与其他农口或非农口国家机关的差距不断加大,高素质的人员纷纷另寻他路;由于资金、政策的制约,基层农业技术推广部门的工作人员再教育机会较少,知识难以更新,而且农业技术推广部门特别是基层推广部门的推广手段还十分落后,农业技术推广部门的职能没有得到充分发挥。

四、技术的受体——农业生产者

农业生产者处于农业技术推广链的末端,他们作为农业技术的使用者,其技术接受水平、技术使用积极性很大程度上决定了农业技术的推广成效。在接受水平方面,据国家统计局抽样统计,我国农村文盲半文盲人群占农村总人口的 8.09%,小学文化程度的

占 32.22%，初中文化程度的占 48.07%，农民较低的文化水平影响了其技术需求的主动性和技术需求的明晰化，其结果是，在多数情况下，政府代替农民成为技术需求的决策者，农业技术推广成为政府导向而非农民需求导向，在一定程度上降低了技术的适用性；较低的文化水平也降低了农民对先进技术的利用率。我国农业生产者，特别是农民受教育的程度较低，文化素质和科学技术素质普遍不高的现实状况严重影响着他们获得新技术信息的机遇和采用新技术的能力。

第三节　各级农业技术推广部门的作用

通过对当前我国农业技术推广服务体系的深入分析，并结合世界各国和地区农业技术推广服务体系发展态势的广泛考察，我国各级农业技术推广部门应该包括以下 6 个：政府主导的宏观调控部门、政府公益性科技服务部门、农民合作科技服务部门、科研教育服务部门、企业科技服务部门、行业协会科技服务部门(图 1)。

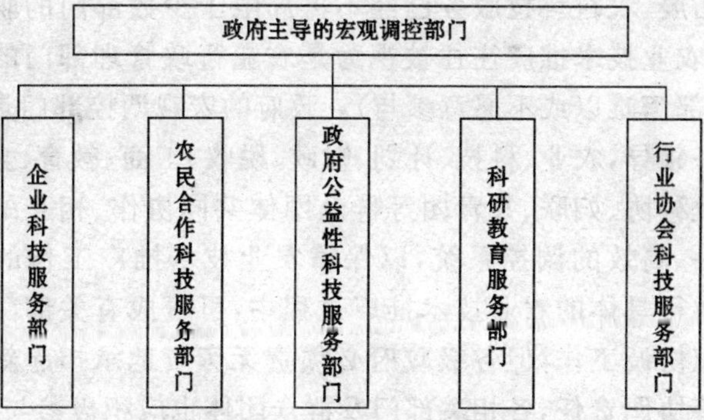

图 1　我国农业科技推广体系架构

一、政府主导的宏观调控部门

该部门的主体是各级政府部门和相关部门。给予农业技术推广服务的公益性特点，政府及其相关部门可以通过积极的作为，来影响新农业技术推广的发展方向。

在这一部门中，政府行使职能的主要方式不局限于通过兴办具体的农业技术推广服务机构来直接参与农村科技服务，更重要的是通过综合运用法律、财政、税收、金融、行政等各种调控手段，营造良好的发展环境，引导各类农业技术推广工作服务主体发挥作用，促进资源合理配置，保证整个农业技术推广体系有效运转，促进农业技术推广新体系的形成。当然，政府“看得见的手”在不同阶段、不同情况下也可以通过直接参与方式，来弥补市场“看不见的手”在公共产品领域或服务领域的缺位。如充分发挥各级农业技术推广服务部门在公益性服务领域的作用，扶持各类基层农村科技服务组织发展，打造公共科技服务平台。

需要强调的是，伴随着农村技术推广服务内涵日益丰富和外延不断拓展，农村科技服务已经不再局限于少数部门的职责范围(而以往农业技术推广往往被视为是农业行政管理部门的职责分工，其他部门难以或不愿意参与)。政府的宏观调控部门是由各级政府统一领导，农业、科技、计划、财政、税收、工商、教育、金融等众多部门及科协、妇联、共青团等群众团体共同协作、相互配合而形成的统一、高效的调控系统，以保障农业技术推广工作的顺利进行。在执行具体的农业技术推广过程中，可责成有关部门承担相应的组织协调工作，但各级政府必须责无旁贷地承担起新体系建设的统筹协调责任，各相关部门及群众团体也应积极参与，形成合力。

二、政府公益性科技服务部门

该部门的最主要的行为主体是政府部门所属的农技推广服务机构。改革开放以来，国家农业技术推广体系经历了一个痛苦的改革开放，曾一度出现所谓“线断、网破、人散”的状况。但随着市场经济体制的不断完善，各级农技推广机构通过深化改革，转变职能，寻求适合市场规律，顺应农业和农村发展需要的新角色定位，在农业技术推广工作中发挥出自己的独具作用。

政府所属农业推广机构主要是承担公益性推广服务职能，如关键和共性技术的引入、试验、示范，农作物病虫害、动物疫病及农业灾害的监测、预报、防止和处置，农副产品质量安全检测、监测和强制性检验，农业资源、农业投入品使用和农村生态环境监测，水力资源管理和防汛抗旱，农村公共信息和农民培训教育服务等。这些服务具有明显的公共产品属性，正外部性突出，大多数是营利性机构“不愿为、不能为”的。同时这些服务又是现阶段解决“三农”问题、推进新农村建设所迫切需要的，唯有政府公益性推广服务机构才有能力、也有责任提供此类农业技术推广服务。政府农业技术推广机构还承担着引导和扶持各类新兴农村科技服务组织发展的责任，为这些组织提供政策咨询、技术服务、业务指导等服务，甚至直接领办或参与创办各类服务组织。

除此之外，政府各相关部门还设立了其他一些公益性农业科技服务机构，如农村发展中心、生产力促进中心等，这类机构承担着一些政府委托的工作，如政策宣传、项目组织管理等。同时，他们也积极面向农村开展科技推广服务，如北京“农村科技服务港”就是在北京市科委推动下、依托市科委农村发展中心等机构建立的“三农”的公益性科技服务平台；许多省（自治区、直辖市）的“农技 110”也是依托生产力促进中心、信息服务中心等事业机构组建并开展工作的。这类机构也是政府公益性科技服务系统的重要组成部分，应该充分发挥其联结政府和市场的作用，并改革和完善其运行机制，提高服务效率。

因此，政府公益性科技服务部门的作用主要是着眼于整个社会的长期收益，而不是短期的经济利益。该部门主要面向广大农户、农民专业合作组织、农业企业等开展基础性、普遍性的农业技术推广服务，同时也是政府传播方针政策、落实宏观指导和宏观调控措施的重要依托。

三、农民合作科技服务部门

该部门行为主体是各类农村专业合作组织。改革开放后，日益显现的“小生产、大市场”的矛盾和冲突催生出一大批自发的农村专业合作组织，如专业合作社、专业技术协会、专业研究会等，这类组织是具有合作互助性质的农民组织。各类农村专业合作组织是农业科技推广服务改变以往自上而下单向推广方式，实现双向互动综合服务方式的重要纽带，是农业技术推广体系的基础。农村专业合作组织根据农户的科技需求寻找合作对象，不仅把先进科技成果引进介绍给农户，同时也把农业和农村发展中现实的科技需求反馈、传达给相关的大专院校和科研院所及政府农业技术推广部门。国内外经验表明，随着市场规模扩张和分工深化，各类农村专业合作组织在维护农民利益、应对市场挑战、帮助农民采用新技术、新成果、开展科技服务等方面，能够发挥越来越重要的作用。

农民合作科技服务部门就是由这些合作组织互相联系、自然形成的部门。该部门的主要特点是其自发性，是由下而上逐步形成的。农民合作科技服务部门的各行为主体之间不存在行政隶属关系，而是依据各自的利益诉求产生相互联系。如特定村庄的个体农户组成的专业合作社，该合作社与其他临近村庄的相关组织建立横向、纵向的产供销协作关系，或联合组建更大范围的联社或行业协会，由此逐步发展为覆盖范围越来越广的服务网络。农民合作科技服务部门根植于农村，能够最直接地代表广大农户的利益，是农业技术推广服务中不可缺少的部门。

四、科研教育服务部门

科研教育服务部门的行为主体是各类农业科研与教育机构。科研与教育机构汇聚大量科研成果、科技人才等资源，是科技成果的重要供给方，在整个农村科技服务体系中扮演着不可或缺的角色，近些年，随着我国科研体制和教育体制改革的逐步深化，以需求为导向已经成为科研和教育活动的重要目标之一，促进科技向现实生产力转化，盘活农业院校和科研机构闲置的科技资源，提供农业科技成果的有效供给能力和转化推广能力，客观上要求农业科研教育机构更多地参与到农村科技服务之中。该部门主要参与或承担公益性科技服务，各农业科研教育机构既接受政府部门的指导开展农村科技服务，也会给予科研与教育需要，自发地、有针对性地开展一些服务。此外，它们也针对农户、农村专业合作组织和企业的个性化服务需求，开展一些有偿服务。

五、企业科技服务部门

企业科技服务部门的行为主体是各类涉农企业。始于 20 世纪 80 年代的农村体制改革的重要成果之一就是乡镇企业的异军突起，乡镇企业已经成为我国经济发展的重要力量。近些年，随着我国对“三农”问题的高度重视，社会各界有更多的投资者关注农业和农村经济领域，投资创办了各类从事农业生产、流通、服务等的企业，致力于打造现代化农业产业体系。上述涉农企业在追求自身利益的同时，也会开展各种形式的农业技术推广服务。如通过“公司＋农户”、“公司＋服务组织＋农户”、“公司＋基地＋农户”等各种方式，向广大农户提供技术指导、技术培训、信息咨询等。

此外，还有许多专业化的中介服务公司，运用自己的专业知识，为农业生产、经营等环节提供技术、信息、管理等咨询服务，或者在科技服务供需方之间建立起沟通渠道，有效促进了市场分工的深化。各类企业参与农村科技服务，主要动力是追求利润。它们瞄准的主要是经营性的科技服务，提供的服务形式大多时候是有偿的，但也有部分是无偿的，但都会遵循利益机制，只是有些利益是短期的，有些是追求长远利益。

在市场经济条件下，企业科技服务部门在经营性服务领域，特别是在提供高层次、个性化服务方面，发挥着越来越重要的作用。如美国的嘉吉、孟山都、法国达能等跨国企业，都围绕产业发展需要，建立起覆盖面巨大的农村科技服务系统，以推动农业新技术、新成果的广泛运用，帮助企业获取更高的经济效益。我国近些年也成长起一大批农业产业化龙头企业，他们开展了大量的技术、信息、市场等服务，成为农业技术推广服务的重要参与者。

六、行业协会科技服务部门

行业协会科技服务部门的行为主体是各类农产品行业协会。所谓农产品行业协会是指农业领域或农产品行业内的竞争者为保护和增进共同利益依法自愿组织起来的社会团体法人。其具有行业性、自愿性、自律性和非营利性等特点，独立于政府和企业，其基本职能是行业服务、行业代表、行业自律和行业协调等。世界各国或地区的经验显示，行业协会在农业技术推广服务中能够发挥重要作用，特别是协调其他各类行为主体之间（如协调政府与行业、行业与企业或农民专业合作组织等）的利益关系，开展行业科技服务等方面的作用，是其他农业技术推广服务组织或机构难以替代的。

随着我国农业和农村经济的发展，特别是我国加入世界贸易组织（WTO）以后，行业协会的作用受到越来越多的关注。据

2002年中央财经领导小组办公室农村工作组的一项调查，全国一级农产品行业协会有48家，分别挂靠在农业部、原国家经贸委、供销总社等部门。对15个省市(市、区)的调查推算，全国省级农产品行业协会约为400家，市级农产品行业协会2000多家，县级农产品行业协会上万家。这些行业协会在面向农村开展农业技术推广服务方面发挥了积极作用。

此外，近些年越来越多的跨国农业企业、农业行业协会等进入中国市场，如美国先锋、孟山都，瑞士先正达，泰国正大集团等跨国公司以及美国大豆协会等，他们基于培育市场、开拓市场的目的，也积极开展各类农业技术推广服务。如1996年美国孟山都公司与我国河北种业集团公司合资组建“冀岱抗虫棉种子公司”，并建立起自己的销售网络和100多个经销站。冀岱公司自身不零售棉种，棉种批发给各个经销站，由经销站再卖给棉农，由此形成了一个利益共同体。公司设有种子质量检测部门和技术服务部门，以保证产品质量和售后服务。通过这些措施，冀岱公司在短短的三四年之内就拥有了河北的抗虫棉种子市场。再如美国大豆协会，自1982年在北京成立办事处以来，先后在我国举办了数百次的技术、市场研讨会和饲养试验，出版了数百种技术资料，并为数万农民提供了直接的帮助。协会举办的专题研讨会包括饲养生猪、家禽、鱼以及饲养的生产和科学使用等专题，并专门为我国饲料加工厂举办关于产品质量控制、工厂管理和营养学的研讨会。协会还与遍布全国的农场及饲料公司合作，进行了饲养试验，提供免费咨询服务，帮助解决牲畜营养学、生产手段和动物健康等方面的问题，以及对畜棚设计、畜牧生产手段、饲养厂经营、营养学和牲畜健康提出建议。

目前，跨国农业企业和行业协会在我国业务不断扩展，他们在着眼于培育和开拓市场的同时，在传播新的服务理念、方法、手段等方面，也有许多值得学习的经验。

第四节　对农业技术推广做出贡献的单位和个人如何奖励

一、建立农业技术人员奖励标准的原则

(一)可比性原则

农业技术推广研究员是农业系列专业技术职务中的最高层次,其职务级别相当于高校教师系列中的教授和研究系列中的研究员。目前,我国的职称制度中,专业技术职务共有29个,农业系列是其中之一。由于我国对专业技术人员实行的是专业及职务等级工资制度,各系列之间只要是处于同一个职务级别,其工资标准是相同的。因此,在研究制定农业技术推广研究员晋升评价标准时,要考虑到各系列间条件的大体平衡,既不过分苛求,也不降格以求,要具有可比性。

(二)激励性原则

按照激励理论,合适的激励手段、强度、频度等激励政策可以激励人的工作热情和积极性,正确、有效地运用各种激励手段,可以激发专业技术人员的积极性、创造性,多出成果、多出人才、多作贡献,通过激励,可以最大限度地发挥人的内在潜力,变内在能力为现实能力。激励可以提高被激励者的工作绩效。因此,标准的制定要起到激励的作用,要具有激励性。

(三)可及性原则

评价标准的高低要符合实际,是通过努力可以达到的。美国著名心理学家维克多·弗鲁姆提出的期望激励理论认为,人们之所以采取某种行为(如努力工作),是因为他们觉得这种行为有把握达到某种结果,而这种结果对他们是有足够价值的。用公式表

示为：

对动机的激励水平(M)＝预期目标价值(V)×达到目标的概率(E)

对动机的激励水平是指对满足个人需求的激发力量的大小，目标价值是指达到目标对满足个人需求的价值意义，达到目标的概率是指行动成功的可能性程度。这个公式表明，激发对象对目标的价值看得越大，估计取得成功的概率越大，激发的力量就越大，激励水平越高，反之则越低。

如果一个人对实现预期目标的概率看做是零，对实现这一目标就会漠不关心，尽管实现这一目标的预期价值很大，激励水平仍然是零。这就是说，制定的评价标准体系必须要符合实际，是通过努力可以达到的，具有可及性。

(四)差异性原则

我国的农业技术推广队伍分布在中央、省、地、县、乡 5 级，各层次推广人员的工作性质、内容、范围、标准和方法都有较大的差异。同时，我国东部发达地区和西部地区的技术水平也有较大的差异。因此，在研究制定晋升评价标准时，应充分考虑到各层次间、各地区间的差别，要体现差异性。

(五)简易性原则

晋升评价标准需要由各相关专业的专家在人才评价时掌握，标准体系不要过于庞大和复杂，要便于掌握，便于操作，要具有简易性。

二、对农业技术推广做出贡献的单位和个人的奖励办法

对农业技术推广做出贡献的单位和个人奖励，其实施的重点是在评审时对农业技术推广单位和个人所做贡献的评审，采用专家打分的方法确定。每个奖励申报单位或人员的得分由打分因素

和加分因素两部分组成。其中，打分因素是由专家对每个单位或人员的专业理论知识、工作经历和能力、推广业绩与成果、获奖或论著等，对照相关的标准条件及评分标准进行打分，经加权后得出一个分值。加分因素是根据奖励申报单位或人员工作所在的地区及工作层次而确定的加分因素。用公式表示为：

总分＝打分因素＋加分因素

(一)打分因素

打分因素包括专业理论知识、工作经历和能力、推广业绩与成果、获奖或论著 4 个方面，各项分值的确定如表 1 所示。

表 1　各测评项目在测评中的打分计算汇总方式

项　目	分值(A)	权重(B)	单项值(m)
专业理论知识	A1	B1	A1×B1
工作经历和能力	A2	B2	A2×B2
推广业绩与成果	A3	B3	A3×B3
获奖或论著	A4	B4	A4×B4
打总分 M'＝A1×B1＋A2×B2＋A3×B3＋A4×B4			

分值(A)：根据标准条件，由专家委员会的专家根据标准条件和评分标准对照申报奖励人员的自身条件自行打分。等级为：不符合：60 分以下；符合条件：65 分左右；超过条件：70 分以上。

权重(B)：根据农业技术推广人员工作层次，分为中央级单位、省级单位、地级单位、县级单位、乡级单位，不同申报人员给予不同的权重。各层次单位的各项权重(B)表 2 所示。

表2　各级农业技术推广人员在各项目中的权重分配

项　目	中央级	省　级	地　级	县　级	乡　级
专业理论知识	0.26	0.25	0.25	0.24	0.22
工作经历和能力	0.26	0.26	0.25	0.25	0.25
推广业绩与成果	0.22	0.24	0.25	0.3	0.35
获奖或论著	0.26	0.25	0.25	0.21	0.18

根据专家的打分,确定得出每个申报人员的分值M’。

(二)加分因素

为体现不同层次申报奖励人员的工作性质和成果上的差异,对基层和西部地区的申报人员实行倾斜政策。在基层县级推广部门工作,加分5%,乡镇级加分8%;西部地区加分5%。

即各类单位申报奖励人员的加分因素为:

县级农业技术推广单位:M’×5%

乡级农业技术推广单位:M’×8%

西部地区县级农业技术推广单位:M’×(5%+5%)

西部地区乡级农业技术推广单位:M’×(5%+8%)

(三)总　分

根据打分因素和加分因素的和,得出每个申报人员的最后总分M。

M=打分因素+加分因素

在实际操作过程中,事先设计一个简单的程序,只要输入专家打的分数,即可自动生成总分M。

案例:西部某省某县农业技术推广站申报奖励人员,专家按照标准对其进行打分。Al=70,A2=68,A3=87,A4=75;对照权重分配,B1=0.24,B2=0.25,B3=0.3,B4=0.21,则:

打分总分M’=Al×B1+A2×B2+A3×B3+A4×B4

代入数值,M’=70×0.24+68×0.25+87×0.3+75×

0.21＝75.7

计算加分因素：

西部地区县级农业技术推广单位加分为 M'×(5%＋5%)＝7.6

M＝打分因素＋加分因素＝75.7＋7.6＝83.3

即该奖励申报人员的最后总的分为 83.3 分。

第三章　农业技术推广体系

第一节　农业技术推广体系的组成

我国的农业技术推广体系组成与时代发展息息相关，并深受经济体制和政治体制改革的影响。从新中国诞生之日起，我国的经济体制经历了从计划经济向市场经济的转变；政治体制也历经多次变革，如今正处于攻坚阶段。随着时代的变迁，我国的农业技术推广体系也经历了一个曲折的发展和演变过程。

一、我国农业技术推广体系的演变

（一）我国建国前的农业技术推广体系

1. 我国古代的农业技术推广活动　我国是世界上四大文明古国之一，农业自然也有着悠久的历史，很早就有关于农业技术方面的推广活动。据记载，早在春秋战国时（公元前 770 年至公元前 221 年）已经发明了铁制农具，农业生产活动中开始使用耕牛，还发明了农田水利和井灌技术以及“粪土法”、“土化法”等施肥技术；到了隋、唐、宋、元年间，火烙法治疗家畜四肢病、饲养耕牛、饲料发酵、家畜强制换羽等养殖技术就已得到广泛的推广和应用；在明、清两代，农业生产技术取得了长足发展，如培育良种、引进玉米和甘薯等新作物、推广轮作制度的建立等等。

传统的农业技术除了由祖辈世代相传、亲朋邻里之间相互传播外，历代封建王朝都推崇“以农为本”的基本国策，设置农官管理农政，实行“劝农”，实际上就是一种农业技术推广活动的雏形。如公元前 100 年，汉武帝任命赵过为搜粟都尉（农官），改“缦田”（撒播)为"代田法"(宽幅条播、轮作),组织能工巧匠制作新"田器",并邀请地方农官和农民到现场参观学习,把新技术向其他地区推广;公元前 33 年至公元前 7 年,范胜出任"仪郎"(技术顾问)期间,在关中地区推广农业技术,因其成就卓著而被尊称为"农师",他还把生产经验加以总结,编著《范胜之书》用以传播农业技术和生产经验;公元 1 世纪时北魏人贾思勰通过整理农事民谣和征询民间农业生产经验写出农业技术专著《齐民要术》,在世界上许多国家和地区广为传播。

古代我国的政府在进行农业推广活动时,采用"教稼"、"课桑"、"劝道"和"督导"的方式、教育跟行政措施相结合的手段来"劝农",从而达到推广农业技术的目的。

2. 近代农业技术推广活动 从 19 世纪 50～90 年代,通过翻译外国农业著作、选派留学生、引进农业技术、引进外国农业专家进行宣教等多种途径,推动了我国近代农业科学技术和推广事业的发展。在此基础上兴办农务学堂,并仿照日本创办农事试验场。第一所专业性农事试验场是 1898 年在上海成立的养蚕试验场,聘请日本专家作技术指导,推广新法养蚕和改良蚕种。此后,其他地区也相继成立了几所农事试验场。

设立农业推广机构始于民国北洋政权时期,模仿美国赠地学院的模式在大学农科系设立农业推广部,如 1920 年在金陵大学设立棉作推广部,之后正式成立农业推广部,推广小麦示范田,指导农民组织合作社,并且还通过编辑出版农业类刊物来传播农业知识。

3. 国民政府时期的农业技术推广 国民政府于 1928 年成立之后,在农业技术推广方面进行了一系列的工作。

第一,推广立法。1929 年,国民政府颁布了《农业推广法规》,立法宗旨为"普及农业科学知识,改进农业生产方法,改善农村组织、农民生活及促进农民合作"。1930 年 8 月,通过《实施全国农业推广计划》,目的是在全国配置农业推广指导员来教育农民。随后,一系列关于农业推广方面的法律法规相继出台,为建立国家农业技术推广体系打下了基础。

第二,建立农业技术推广体系。1929 年 12 月,国民政府成立了中央农业推广委员会,隶属农业部,负责制定方案和法规、审核章程和报告、设置中央直属实验区、检查各省农业技术推广工作、编印推广刊物等;另外,早在 1928 年就成立了第一个省级推广机构——江苏农业推广所,以后又相继成立了山西、安徽、宁夏、浙江、陕西、贵州等省级农业推广机构;抗战时,为了解决粮食短缺问题,于 1939 年成立了农产促进会来加强农业技术推广工作,在此期间,设立了一系列县级农业技术推广机构。

第三,农业院校、科研单位和群众社团的推广活动。抗战前夕,我国已有 21 所高等农业院校,抗战胜利之后增加到 27 所,在校师生开展了不同形式的农业推广活动。当时最重要的农业科研机构要数 1932 年在南京成立的中央试验所了,它的工作范围主要包括:改进农业技术及方法,试验并进行推广;进行农业调查,引进有益物种;调查研究农村经济等等。

20 世纪 30 年代前后,我国民间也相继掀起了一系列乡村建设实验运动,较有影响的有:以宴阳初为代表的中华平民教育促进会在河北定县、湖北衡山、四川新都建立实验县;以梁漱溟为代表的"乡村建设"派在山东邹平和菏泽设乡村建设实验区;以黄炎培为代表的中华职业教育社与东南大学、金陵大学合作,在江苏昆山设徐公桥实验区。这些活动对于推广农业技术和推行乡村建设起了积极作用。

(二)新中国成立后的农业技术推广体系

新中国成立后,政府面临的紧迫任务是尽快恢复国民经济的发展,农业作为经济发展的基础产业自然备受关注。在当时特定的国际环境下,国家做出了"赶超"的经济发展战略以实现工业化的总目标，而实现这一目标的首要任务是提高资本积累能力，但这一点在当时的情况下是根本无法在短期内实现的，所以这项任务就不得不由农业来承担，即通过工农业剪刀差将农业剩余用于支持国家工业建设。就是在这样的历史背景下，政府通过了一系列相关政策和法规，逐步建立起国家的农业技术推广体系以支持农业的发展。为了能清晰地表明我国农业技术推广体系的演变过程，下文将按照国家经济体制的变化对农业产生的不同影响，把农业技术推广体系建设分为几个阶段。

1. 恢复期 新中国成立初期，为尽快恢复农业生产和提高生产效率，中央政府积极筹建农业技术推广体系。1951 年颁布的《中共中央关于农业互助合作的决议》(草案)规定："每个县至少有 1～2 个农事试验性质的国营农场，一方面用于改进农业技术和使用新式农具，以这种现代农场优越性的范例教育全体农民；另一方面按可能的条件，给互助组和合作社以技术上的援助和指导：提倡新旧生产技术互教互学运动，普及提高旧技术旧经验中有用合理部分，逐步与那些可能利用的新技术相结合，不断改良农业的做法。"按照决议精神，政府开始组建国营农场来进行农业技术试验、示范和指导工作。

1953 年农业部颁布了《农业技术推广方案》(草案)，要求各级政府设立农业技术推广专业机构并配备专职人员，以互助组为基础，以劳模和技术员为骨干。1955 年农业部又颁发了《关于农业技术推广站工作的指示》，要求应以县以下的行政区来设农业技术推广站，综合站的主要业务包括：耕作技术、作物良种、病虫害防治、土壤肥料、新式农具、灌溉排涝、水土保持、畜牧兽医和会计辅导等。同时对农业技术推广站进行整顿，精简上层机构，充实基层力量。到 1957 年底，全国基本上实现了区区设站。这一切举措对于紧密联系群众、了解农业生产实际情况和促进生产发挥了积极作用。

但是,由于农业科研力比较薄弱和农业技术推广上层组织不健全等方面的原因,基层农业技术推广站的作用也受到了很大程度的限制。单靠总结推广生产经验和农家品种已难以满足农业生产的需要。

2. 受挫期 20世纪50年代的我国"浮夸风"盛行,曾一度导致实际经济生活陷入困境,并使农业技术推广体系濒临解体。1958年,随着农业合作化的实现以及极"左"思想的抬头,人们产生了2种观点:一是认为农业合作化已经实现,农民的组织性得到了加强,推广对象由原来的千家万户转变为农业合作社,因而也就丧失了按区设立农技推广站的必要;二是认为青年推广人员缺乏经验,技术业务不熟练,应予以精简。这些观点在随之而来的撤区并乡的过程中得以实施,机构和人员分别被精简了3/4和2/3,农技推广工作随即陷入瘫痪。

1959~1961年连续3年的自然灾害使农业大幅度减产,因此农技推广再度受到国家的重视。于是,1962年农业部发出《关于充实农业技术推广站,加强农业技术推广工作的指示》,再次提出农技推广站按县以下的区设站,或者按农业经济区划分片设站。到1963年底,农技推广机构得到了一定程度的恢复。

3. 曲折发展期 文革期间,农技推广工作再次受到极大的干扰,大部分推广机构被撤,推广人员被下放到农村插队锻炼。但是,农业生产离不开科学技术,农民迫切需要技术指导。在此形势下,有些地区的群众自发形成了科学试验站,聘请农业技术员做指导。1970年,湖南省华容县在吸收各地经验的基础上创办了"四级农业科学试验网",即县办农科所,公社办农科站,生产大队办农科队,生产队办农科小组。一时间,全国上下掀起了学习华容县经验的热潮,使"四级农业科学试验网"在全国范围内得以推广。1974年,农林部和中国科学院在湖南召开了400多人参加的全国"四级农业科学试验网"交流会。与会人员形成了《关于建立健全

“四级农业科学试验网”的意见》，提出了四级农科网的任务，即：抓住农业生产中关键的技术问题开展科学实验；总结并推广农业先进经验和技术；繁殖良种和选育新品种；做好病虫测报和防治技术指导；树立示范样板；普及农业科学知识，培育农民技术骨干；当好各级领导指挥生产的参谋和助手。还要做到所谓的“四出，一带”，“四出”是：出成果、出高产、出良种、出人才；“一带”是带动大面积增产。

“四级农业科学试验网”在全国的推广对于普及农业科学技术知识、提高农民科技文化素质和推动科技成果转化起到了一定程度的积极作用。但由于受到当时特定历史环境的限制，“四级农业科学试验网”免不了带有明显的局限性，具体表现为不分层次大搞群众性科学实验运动，以科研代替推广，以群众运动代替专业队伍，从而偏离了推广工作的本质方向。“四级农业科学试验网”中的公社、大队、生产队三级是以人民公社和集体经济为依托的，因此，随着“文革”的结束及人民公社的解体，“四级农业科学网”也退出了历史舞台。

4. 转轨期 1978 年，当家庭联产承包责任制在广大农村推行之后，农业技术推广的对象发生了根本性转变，由人民公社、生产大队再次转变为千千万万个小规模的家庭生产农户。为了解决农业技术推广工作中出现的新问题，农业部于 1979 年在全国试办了 29 个县级农业技术推广中心，并且把原来种植业方面的各种专业技术推广站进行合并，从而在管理上加强了基层推广工作；中心任务是将试验、培训、推广相结合，使其发挥整体优势。1982 年 1 月，中央 1 号文件规定，“恢复和健全各级农技推广机构，逐步把技术推广、植保、土肥等技术机构结合起来，实行统一领导、分工协作，使各项技术能够综合应用于生产。”当年 7 月，农业部成立了全国农业技术推广总站，并在全国范围内建立县农业技术推广中心，从而全面启动了重建基层农技推广体系的工作。建立县农技推广中心的主要目的是把改革和建设相结合，用改革指导建设，用建设推进改革；主要措施是把原来分散的推广机构结合成统一的业务实体，再根据具体的工作需要进行综合建设。从此，农业技术推广体系进入了全面发展阶段。

县农技推广中心的建设得到了国际有关组织和专家的高度评价，他们还给予我国资金援助用于农技推广工作。建立县农业技术推广中心是我国农技推广体系建设的一大发展，它的贡献主要体现在：一是改变了推广机构的多头管理，形成了统一的体系；二是发挥各专业学科的综合效应；三是精简了机构，提高了工作效率；四是加强了教育与科研机构的沟通与合作。

1983 年 7 月农牧渔业部颁发了《农业技术推广条例(试行)》，对农技推广的机构、任务、编制、队伍、设备、经费和奖惩办法都做了具体规定。1984 年又颁发了《农业技术承包责任制试行条例》，根据农业商品生产发展的特点，进一步扩大了推广服务的范围，以调动农技推广人员的积极性。农技推广机构的建设得到了进一步的延伸，在乡级建立农技推广站，在村级建立"农技、水利、农机、植保、供种"五统一的综合服务队。通过加强乡村两级农技推广力量，能有效缓解实行家庭联产承包责任制之后农户多、农田小而分散等不利于农技推广工作的问题。

经过 20 世纪 80 年代的努力，到 90 年代初，我国农技推广体系以基本形成。据统计，到 1989 年底，全国农业技术推广机构共有 22 万多个，在编推广人员 92 万多人，县级农业技术推广中心 1442 个，占全国县总数的 68.7%。1989 年国务院做出了《关于依靠科技进步振兴农业，加强农业科技成果推广工作的决定》，提出了农技推广部门实行"技物结合"的原则，这为农技推广部门开展有偿服务提供了政策依据。

除了以国家为主导的农技推广部门外，涉农部门也积极投入到农业推广活动中来，如农业科研机构和农业教育单位纷纷发挥自己的优势，努力推广科研成果；农资部门和供销社系统保证农资供应，配合农技推广服务于农业生产；另外，农业金融机构、图书情报部门等也都为普及农业科技做出了各自的努力。20 世纪 90 年代初的我国农业技术推广事业呈现出一派兴旺发达的可喜局面。

5. 改革发展期 1992 年春天，伴随着邓小平南巡讲话的发表，中国市场经济改革揭开了新的一页，全国上下掀起了市场经济改革的热潮。遗憾的是，由于片面理解市场经济，导致在全国范围内将农业技术推广机构推向市场，部分地区不同程度地减拨甚至停拨农技推广机构的事业经费，对县乡机构采取合并或撤销。据不完全统计，大约有 44％的县、41％的乡农技推广机构被减拨或停拨事业经费，约有 1/3 的农技推广人员离开了技术推广岗位。

1993 年 7 月 2 日，第八届全国人民代表大会及时通过了《中华人民共和国农业技术推广法》，以法律形式明确了农技推广机构是国家事业单位，所需经费由政府财政拨给，对于稳定农业技术推广体系起了至关重要的作用。随后，农业部组织实施对农技推广机构的“定人员、定编制、定经费”的三定工作，对于进一步发展农技推广事业奠定了组织基础。1998 年，国家对农业技术推广体系再次提出明确要求，这就是解放思想、强化市场观念和服务意识，积极探索市场经济条件下农技推广的运行机制，实行“机构不乱、人员不散、网络不断、经费不减”的支持政策，进一步明确了农技推广改革的方向。

二、现行我国农业技术推广体系的组成

党的十四大以后，我国实行了社会主义市场经济体制，我国农村经济形势和农民的地位发生了根本的变化。伴随着政府五级农技推广网络的改革，我国农业技术推广主体呈现多元化发展的趋势，其中政府农业技术推广机构、农业科研单位和农业教育单位在当前的农业技术推广活动中起到了举足轻重的作用。与此同时，

作为有效补充的农村合作经济组织、供销合作社、涉农企业、农业龙头企业和科技示范户的农业技术推广活动也得到了蓬勃的发展。

(一)机构设置、人员配备和职能划分

我国政府农业技术推广机构依然延续从中央到乡镇的五级推广网络。在中央层次,设有“全国农业技术推广服务中心”,是农业部直属事业单位,成立于1995年8月,由原全国农业技术推广总站、全国植物保护总站、全国种子总站和全国土壤肥料总站合并而成。而畜牧兽医、水产和农业机械仍归农业部专业司局管理;在省和地(市)级这两个层次,按照上下对口,农业厅(局)下设农机站、种子站、植保站和土肥站,作为国有事业单位,履行与国家层次相对应的职责。县、乡两级的农业技术推广部门是直接面向农民、为农民服务的基层农业技术推广机构,是当前政府农业技术推广机构的基础。在一些地方,县乡农业管理部门和农业技术推广部门密切联系在一起,有的就是同一机构。

县、乡农业技术推广部门属于事业单位,按专业领域分为五大系统:种植业、畜牧兽医、水产、农业机械、经营管理(2006年《国务院关于深化改革加强基层农业技术推广体系建设的意见》指出,农村经营管理系统不再列入基层农业技术推广体系)。根据农业部统计,到2003年底,全国县、乡两级共有推广机构17.3万个,其中乡级机构15.1万个;县、乡两级共有推广人员103万人,乡镇人员69.4万人,其中编制内人员59万人。

农业部门将县乡农业技术推广工作按性质分为4大类:①管理工作。法律法规授权或者行政机构委托的执法和行政管理,如动植物检疫、畜禽水产品检验、农机监管、农民负担管理等。②纯公益性服务工作。如动植物病虫害检测、预报和组织防治,对农民无偿的技术培训、咨询服务,新技术的引进、试验、示范、推广,对农药、动物药品使用安全进行监测和预报,参与当地农技推广计划的制定与实施，对灾情、疫情进行监测和报告等。③中介性服务工作。如农产品和农用品的质量检测，为农民提供产销信息，对农民进行职业技能鉴定等。④经营性服务工作。如农用物资的经营，农产品的贮运销，特色优质农产品生产和品种的供应等。

(二)经费状况

国家和省级的农业技术推广部门，一般均为政府全额拨款单位。经费来源分为 2 个部分：一是固定性经费，年度之间通常没有很大变化，来自于同级政府财政；二是项目经费，每年可有较大的变化，取决于项目的来源情况，项目来源可能是国家部门，也可能是地方部门。

县、乡两级农业技术推广部门的经费来源相比之下较为复杂，大体上分为 3 个来源：一是来自于同级(主要是县级)财政的固定经费；二是少量的不确定的项目经费，一般来源于上级农业技术推广部门；三是各种方式的自我创收，包括经营收入和服务性收费。

第二节　农业技术推广体系中各成员的分工及职责

一、各级人民政府职责

各级人民政府应当加强对农业技术推广工作的领导，组织有关部门和单位采取措施，促进农业技术推广事业的发展。

国务院农业、林业、畜牧、渔业、水利等行政部门(以下统称农业技术推广行政部门)按照各自的职责，负责全国范围内有关的农业技术推广工作。县级以上地方各级人民政府农业技术推广行政部门在同级人民政府的领导下，按照各自的职责，负责本行政区域内有关的农业技术推广工作。同级人民政府科学技术行政部门对农业技术推广工作进行指导。

二、各级农业技术推广机构职责

各级农业技术推广机构是指乡、民族乡、镇以上设立的专门从事农业技术推广的各级国家农业技术推广的事业单位，如县级农业技术推广中心、乡镇农业技术推广站等。根据《农业技术推广法》第 11 条的规定，国家各级农业技术推广机构的职责是：参与制定农业技术推广计划并组织实施；组织农业技术的专业培训；提供农业技术、信息服务；对确定推广的农业技术进行试验、示范；指导下级农业技术推广机构、群众性科技组织和农民技术人员的农业技术推广活动。

三、村农业技术推广服务组织职责

村农业技术推广服务组织职责是指在村一级设立的，在农业技术推广机构的指导下，宣传农业技术知识，落实农业技术推广措施，为农业劳动者提供技术服务的集体组织。

四、农场、林场、牧场、渔场职责

《农业技术推广法》第 14 条规定："农场、林场、牧场、渔场除做好本场农业技术推广工作外，应当向社会开展农业技术推广服务活动。"

五、农业院校、科研单位职责

《农业技术推广法》第 15 条规定："农业科研单位和有关学校应当适应农村经济发展的需要，开展农业技术开发和推广工作，加快先进技术在农业生产中的普及应用。"第 18 条规定："农业科研单位和有关学校应当把农业和生产中需要解决的技术问题列为研究课题，其科研成果可以通过农业技术推广机构推广，也可以由该农业科研单位、该学校直接向农业劳动者和农业生产经营组织推广。”

六、其他可以进行农业技术推广的单位和个人

(一)教育部门

《农业技术推广法》第 15 条第 1 款规定:“教育部门应当在农村开展有关农业技术推广的职业技术教育和农业技术培训,提高农业技术推广人员和农业劳动者的技术素质。”

(二)供销合作社、其他企业事业单位、社会团体、农业集体经济组织、其他社会力量、社会各界科技人员

《农业技术推广法》第 10 条第 2 款规定:“国家鼓励和支持供销合作社、其他企事业单位、社会团体以及社会各界科技人员,到农村开展农业技术推广服务活动”。第 15 条规定:“国家鼓励农业集体经济组织、企事业单位和其他社会力量在农村开展农业技术教育。”

第三节　农业技术推广体系中工作人员的基本要求

一、农业技术推广人员应具备的条件

农业技术人员主要分为 3 种情况:首席农业技术推广专家、农业技术指导员、乡镇责任农业技术人员。其分别具备的条件如下。

(一)首席农业技术推广专家

1. 工作职责　宣传和贯彻有关“三农”发展的各项法律、法规和方针政策,为当地制定农业发展规划、重大农业决策提供科技咨询;根据当地农业发展、市场需求和农民生产生活等源头性需求,

研究提出本地区本领域农业科技推广计划方案；组织实施并带头开展本领域重大关键技术（农机具）的引进、试验、示范和集成推广，确定主导品种、主推技术和主要措施；通过农业信息网、农技110等，为农民提供相关科技信息，解答各种农业技术咨询；培养和培训本领域技术指导员、责任农技员、科技示范户等，解答技术指导员、责任农技员提出的各种技术问题；组织或参与农业地方标准的制定和修订，按照“标准”研究制定相应的技术操作规程、生产模式图，推广标准化生产技术。根据产品准出、市场准入及产地可追溯等农产品监管制度的要求，研究提出本领域农产品质量安全控制的相关技术措施，指导搞好田间生产档案记录。

2. 任职资格　拥护党的领导，遵纪守法，诚实公正，爱岗敬业，学风正派。责任心强；掌握本领域最新科技发展动态和市场需求，熟悉本专业相关法律、法规、政策、技术标准及规范，专业基础理论扎实，技术水平过硬，农业技术推广业绩显著，为本地区、本领域的技术带头人；具有丰富的“三农”工作经验，从事农业技术工作10年以上，大学以上学历、有高级专业技术职务或5年以上中级专业技术职务任职时间；有较强的组织协调能力以及文字和语言表达能力，思维敏捷，善于开拓创新。

3. 主要量化工作指标　掌握农民的科技需求动态，每年提供一项以上农民急需的有效实用技术，组织一次农业标准化和农产品质量安全推广活动，建立1个稳定的科技示范场，联系1个乡、1个生产基地、1个生产组织（农民专业合作组、农业企业等）、10个科技示范户的科技服务工作；开展技术指导员、责任农技员的业务培训，落实每人每年12天的培训要求；及时答复通过农技110的农民技术咨询，答复率达10%；利用远程教育网络或其他媒体平台，每年开展1次以上农业技术讲座；结合农事季节发布有较高质量的农情信息10条以上；全年下乡、村、户时间不少于50天，完成年度业务分析报告和1篇以上课题调研报告。

(二)农业技术指导员

1. 工作职责 协助首席农业技术专家研究制定本领域全县的农业技术推广计划,完成首席农业技术推广专家及上级部门交办的农业技术推广工作;组织开展新品种、新技术的引进、试验、示范,主导品种、主推技术的宣传推介,及农作物病虫害及农业灾害的监测、预报、防止和处置,指导农民采用良种良法、科学用肥用药、开展标准化生产;组织落实农产品质量安全控制的相关技术措施,指导农业生产组织及农民按照农业标准、技术操作规程及生产模式图,开展标准化生产,搞好田间生产档案记录;联系、指导乡镇责任农技员业务工作,组织开展对责任农技员、科技示范户、农民的农业技术培训,及时解答责任农技员、农民提出的各类技术问题。联系、指导若干个生产基地、农民专业合作社、龙头企业及重点示范户,开展生产调研、技术培训、技术指导和及时咨询;

2. 任职资格 拥护党的领导,遵纪守法,诚实公正,爱岗敬业,学风正派,责任心强;了解本领域最新科技发展动态和市场需求,熟悉本专业相关法律、法规、政策、技术标准及规范,有较丰富的专业理论知识和较强的业务技术水平;专职从事农业技术推广工作,大专以上学历或具有国家初级以上专业技术职称;有较好的组织协调能力及文字和语言表达能力。

3. 主要量化工作指标 每年主持或参加 1 项以上新品种、新技术的引进、试验和示范的实施,组织 1 项以上主导品种和主推技术的推广;建立 1 个稳定的农业科技示范场(基地),联系 1 个乡(村)、1 个标准化生产基地、1 个农业生产组织(农民专业合作社、农业企业)、10 个科技示范户的农业技术服务工作;组织或参与组织 4 期 300 人以上农业技术培训,4 期科技示范户现场指导会;全年入乡、村、户时间不少于 80 个工作日,入户联系户平均不少于 5 次;对通过农技 110 的农民技术咨询,答复率 100%;发布有较高质量的农情信息 20 条以上,年度业务分析报告 1 篇。

(三)乡镇责任农技员

1. 工作职责　宣传贯彻有关各项“三农”发展的方针政策，协助落实上级农业科技部门在当地开展的农业新品种、新技术引进、试验、示范工作；履行类似“班主任”的职责，全面负责若干村(片)责任区全体农户的农业技术推广服务工作，重点联系若干个科技示范户。通过现场指导或农技 110 等渠道，及时答复责任区农民提出的各类技术问题，不能解决的有责任向上一级或其他农业技术推广机构、人员寻求帮助。履行类似“任课教师”职责，在上级农业和技术部门的指导下开展本专业农业新品种、新技术及农业标准化集成技术的推广应用，确定主导品种和主推技术，建立示范场、示范方、示范户，做好农作物病虫害及农业灾害情报发布，防止和处置、指导农民按技术操作规程和模式图开展标准化生产；举办或组织农民参加农业科技培训。指导农业龙头企业、农民专业合作社等生产组织建立“三品”(无公害农产品、绿色食品、有机食品)基地，记载生产档案，开展标准化生产；掌握当地的农业生产情况，及时报送和发布农事信息，完成有关调查统计。

2. 任职资格　拥护党的领导，遵纪守法，诚实公正，爱岗敬业，学风正派，责任心强；专职从事农业技术推广工作，具备农业专业中等学校以上学历，或具有国家初级以上专业技术职称；了解国家有关农业技术推广的方针、政策和法律、法规；具有一定的专业理论知识和较强的业务技术能力，能独立开展农业技术的试验、示范、培训、推广工作。

3. 主要量化工作指标　开展 1 项以上新品种，新技术的示范推广；在责任区内建立 1 个科技示范基地，联系 1 家农民专业合作组织(农业企业、大户)、10 户科技示范户的农业技术服务工作；责任区田间生产档案记录实施率，占应建数量的 85%以上；年组织农民培训 100 人次以上，举办或参与举办科技示范户参加的现场指导会 4 次以上；年下村到户时间 100 天以上，入户联系户平均 5

次以上;农技110技术咨询回复率达到100%,报送或发布农业生产及科技信息20条以上,年度业务工作分析报告1篇以上。

二、农民技术员可获得的农业技术推广资格

国家规定,农业技术推广研究员职务任职经评审通过和批准的任职资格,由各省级人事职改部门颁发农业技术推广研究员任职资格证书。证书由农业部和人事部统一印制,全国有效。例如,江苏省对农业技术推广服务人员实行职业资格制度,已纳入全省专业技术人员职业资格制度的统一规划。重庆市对农业技术推广人员实行职业资格制度,也纳入全市专业技术人员职业资格制度的统一规划和管理。凡在重庆市从事农业技术推广工作和农业生产经营服务的人员,必须取得农业技术推广人员相应职业资格证书并经注册生效。重庆市农业技术推广人员职业资格分为从业资格和执业资格。农技推广从业资格是从事农业技术推广和农业生产经营服务工作的起点标准;农技推广执业资格是专业技术人员依法从事农业技术推广工作和农业生产经营服务工作的必备条件。

第四节　各农业技术推广部门的体制和运行机制

一、政府农业技术推广机构的体制和运行机制

(一)政府农业技术推广机构的管理体制

我国的农业技术推广机构由国家设立,在专业设置和管理体制上实行的是行业系统归国家管理。国家级农业技术推广机构一般归农业部管理,而在地方,机构的设置与管理体制存在较大差别,其

中畜牧、兽医、农机等专业机构在省以下与农业厅(局)分设,自成系统,相对独立;农村能源、农经管理等专业机构的归属不统一,有的沿用农业行政系列,有的设为事业单位,其独立性相对较强;与农民关系最密切的种植业机构,在各级各地方的设置不尽相同。

下级农业推广站在部门联动方面一般有4个职能:一是接受上级业务部门的任务和一般专业性调查任务,有时也承担项目推广任务;二是参与来自同级政府和农业行政主管部门的任务,大多是政府开展的农业开发项目,还有如催收催种、督促抗旱、生产指导、农情调查等行政工作;三是接受农业行政部门委托的行政执法任务,如植物检疫、农药市场管理、肥料登记与市场管理等;四是开展种子、化肥、农药等经营服务。

乡镇推广机构改革主要有3种类型:一是将乡镇所有的农业技术推广机构(如种植业、畜牧、水产、农机化、林业、水利、经管等)合并成立农业服务中心;二是将乡镇现有的推广机构合并成2个以上的单位。如把有的县乡镇农技、林业、经管机构合并成农业服务中心,把畜牧、水产机构合并成畜牧水产站,把水利、农机化机构合并成水利农机站等:三是在改革中保持乡镇推广机构基本不动,重点优化运行机制,在增强内部活力上下功夫。

(二)政府农业技术推广机构运行机制的主要特点

改革开放至今的经济体制转轨时期是以“政技物结合”为主要推广手段的“自上而下”的运行机制。“自上而下”的运行机制可以理解为围绕政府的农业发展目标,技术推广工作自上而下层层组织,推广机构主要从事技术服务工作。行政干预在推广工作中的一般表现形式是层层召开会议,具体落实主要技术措施,并辅之以一定的资金、物质支持和奖惩措施。

行政干预的作用方式有:①政府对一些重点技术(特别是粮棉技术)的示范推广提供经济和组织工作上的支持,对配套农资进行价格补贴或提供优惠贷款;②实行奖励;③对突发性、危险性事态

(如农作物重大病虫害、动物危险性传染病)的控制采取较为强硬的行政措施;④在行政支持下,开展不同程度的统一服务,例如统一供应农资、统一开展防治服务等。但是,推广中的行政干预的局限性也显而易见,如“简化”了推广工作,使推广部门的工作基本上停留于技术试验、示范阶段,而且忽视推广工作的科学规律等根本性问题。

尽管行政干预有诸多不足之处,但对农业技术推广和农业发展仍具有重要作用。随着市场经济和农业的发展,农户经营管理自主性进一步增强,行政干预在农业技术推广工作中的作用不断弱化,这要求政府对推广工作的支持必然要采取适当的形式,如加强宏观管理、为推广工作创造良好的外界条件等。

二、农业科研、教育单位的运行机制

农业科研单位和农业教育单位是科技成果的创造者,也是当前农业技术推广战线上的主力军。农业科研单位和农业教育单位为了将自己的科研成果尽快转化为现实的生产力,主动投身到农业生产第一线,主要通过公益性无偿服务的方式推广农业新成果、新技术,为农业经济发展做出了重要贡献。

(一)主要运行机制

与地方政府或农村合作经济组织通过合同方式,建立比较稳固的利益关系,进行成果转让、技术承包、技术开发、科技示范等活动;直接将农业应用技术研究中的科研成果通过开发成科技产品,使农业科研成果直接进入农户;与涉农企业联合,解决理论和关键技术问题;建立农业新技术、新成果示范基地、科技示范园等;选派科技特派员和科技副县长、副乡长等。

科研教育部门开展农村科技推广服务主要是通过以下 3 种途径:①直接开展各种形式的服务。如到农村地区建立成果转化示范基地,开展成果转化、中试、示范、推广等;或直接派出服务队伍深入到农村基层，面向农户、农村专业合作组织、企业等开展技术指导、咨询服务等。②通过与其他部门协作开展农业技术推广服务。如在农业科技专家大院服务模式中，农业高校、科研院所与政府农业技术推广部门、农民专业合作组织、企业等密切合作，针对不同服务需求，形成各种行之有效的合作服务机制。③该部门承担着教育培训职能，为各系统培养和输送各类人才。因此，科研教育部门服务系统具有科研、教育与推广相结合的突出优势，而促进其有效结合是农业技术推广服务建设的重要方向和重要任务。

以山东省农业科学院为例，该院在强化科研自主创新的同时，成果转化水平不断提高，为农业服务的能力不断增强。全院上下结合黄淮海农业科技区域创新中心建设，高度重视科技成果推广转化，把为全省及区域农业生产服务作为全部工作的出发点和落脚点，建成 1.6 万米^2 的农业科技服务中心，拥有了为“三农”服务的窗口和平台。围绕省委、省政府实施的“三个突破”战略和“双30”工程，结合全省优势农产品区域布局规划，在全省 80 多个县建立了 210 处科技推广服务联系点和 50 多处推广示范基地，初步建成了以省级农业高新技术示范园为龙头，遍布全省 17 个市并辐射到周边省份的推广网络。通过组织科技下乡，开展农民培训，选派科技副职等多种形式，为农民提供全方位的高效科技服务。

(二)经费来源

有多种渠道，一是从有关部门争取推广项目经费；二是单位自筹资金；三是科技贷款；四是协作单位出资等。

三、农村合作经济组织的运行机制

改革开放以来，包括专业协会、专业合作社和股份合作社在内的新型农村合作经济组织迅速发展，截至 2004 年底，据农业部等机构的统计和估算，全国新型农村合作经济组织总数已经达到 15

万个左右，拥有专业的合作经济组织的村占同期村民委员会总数的22%。参加组织的会员约为2363万户，占乡村农户总数的90.8%。新型农村合作经济组织是以家庭承包经营为基础，以农民为主体，吸收部分科技人员作顾问，以农民技术人员为骨干，以加强与农业科研单位和农业教育单位的联系，主动寻求、积极采用新技术、新品种，谋求高收益的经营组织。由于其不断引进、开发新技术和快速而有效扩散技术的运行机制，适应众多农户的要求，加快了利用现代技术改造传统农业的步伐，有效地弥补了乡镇农业技术推广机构到村级单位推广缺位的现象。

经费来源上，一般由会员集资。根据农业部经管司统计，2004年，全国农村专业合作经济组织为会员和周边的农户代销农产品总量高达2亿多吨。经营服务盈余187亿元，其中有19%的盈余约为36亿元返还给了会员，26%的盈余近50亿元用于股金分红，平均每个会员获得盈余返还和股金分红收入364元。随着农村改革的不断深化，借助股份制和股份合作制方式，凝聚内部和外在技术力量，农村合作经济组织的规模将会进一步扩大。

四、供销合作社的运行机制

供销合作社主要从事商品流通工作，包括收购农产品和经营生产资料等。一方面，依据其自身具有熟悉市场行情和把握市场动态的优势，将有关新技术、新产品和市场对产品的质量要求等信息传达给技术开发部门，有技术人员进行技术引进、开发、培训和指导农民，收购的农产品经过统一的包装后出售，从而提高产品的科技的含量，增加农民收益。另一方面，在出售生产资料时，向农民提供有关技术。

经过近年来的改革和发展，供销合作社参与农业技术推广的力度和范围也越来越广，正在从主要承担政策性业务的单位发展成为自主经营、自负盈亏的独立经济主体，从单纯流通领域的供销合作发展为农工商、产加销多领域的全面合作，从单一的经营组织发展成为农民提供经济、技术和文化多方面服务的综合服务组织。这些积极而深刻的变化，标志着供销合作社为农服务的水平达到了一个新的高度，供销合作社事业正在进入新的发展阶段。

五、涉农企业的运行机制

涉农企业主要包括以农产品为加工原料的企业及生产经营生产资料的企业等。以农产品为加工原料的企业，特别是农业产业化龙头企业，采用产供销一条龙服务、种养加一体化运作的“龙头企业＋基地＋农户”的产业化经营模式，根据市场需求动态进行新技术、新品种引进和推广，以优质品种投入和科学种植、养殖技术服务于农户，建设标准化农产品生产基地，确保了所需原材料的供应和品质，不仅实现了企业的利益，也确保了农户的正当收入。生产经营生产资料的企业，为了推销自己的产品，增加利润，向农民推广有关技术，如农药、农膜、农机具、新型专用化肥、增产菌等。这种推广模式的经费来源，完全由企业自身负责筹措，多以市场前景好、效益高，可以迅速开发的新技术为主。

六、科研示范户的运行机制

随着我国农业技术的推广普及和农民科技知识水平的不断提高，全国各地涌现出了许多对农业新技术、新品种具有浓厚兴趣的科技示范户。他们通过各种途径掌握大量的农业技术信息，并亲自试验示范，从而辐射带动周边农户广泛利用农业新技术、新品种，提高农产品的产量和品质。科技示范户的示范、辐射带动作用是最直接和最有效的农业技术推广活动，是“以户带户、以户带村、以村带乡”的农业技术推广新模式，也是联系农户最密切的科技推广活动。

第四章　农业技术推广方式及案例

第一节　农业技术的标准

一、农业技术标准的概念及内涵

农业技术标准是对农业标准化领域中需要协调、统一的技术事项所制定的标准。农业标准化活动，最先也是从技术领域开展起来的。农业技术标准量大面广，是农业标准体系的主体。农业技术标准主要是围绕农产品的科研、生产、检验技术方法、农艺技术规程、技术装备、生产环境、安全卫生要求等制定与实施的标准，包括以下内容。

农产品标准：是为了保证农产品的适应性，对农产品应达到的某些或全部要求所制定的标准。农产品标准是鉴定农产品、指导生产、签订合同、交货验收和合格检验的主要技术依据。农产品标准主要是指农产品的品质(含安全卫生)、相应的检验方法、判定规则及包装、运输、贮存的规定。

农业技术基础标准：是在一定范围内作为其他农业技术标准的基础并普遍使用，具有广泛指导意义的标准。其主要包括农业标准化工作指导性标准、通用的农业技术语言标准、农业安全卫生标准、农业环境标准、其他农业基础标准等。

农业方法标准：是对各项技术活动的方法所制定的标准。方法标准包括的范围很广，如试验方法、检验方法、分析方法、抽样方法、计算方法、操作规程等。方法标准是实现产品标准和工作标准的重要手段，对于推广先进的工作方法，提高工作效率和保证工作结果有必要的准确性等方面具有重要意义。

安全卫生与环境保护标准：是为了保护人的身体健康，对农产品安全质量及农产品的生产过程制定的规范以及为了保护环境和维护生态平衡所制定的环境质量标准。

农业采购技术标准：是指在农业生产过程中，所用的农业生产资料（如种子种苗、种畜、种禽、化肥、饲料、农药、兽药、农用塑料薄膜、农机具等）的质量要求标准（如试验方法、验收规则、保管注意事项等）。采购技术标准可以采用国家标准、行业标准、地方标准、企业标准，也可以直接规定具体的技术要求。

农业物流技术标准：是指对农产品的包装、标志、储运等技术要求制定的标准。包括包装标准、标识标准、贮运标准。

农艺（种植、栽培、养殖、饲养）、农产品初加工（宰杀、分割、冷冻）技术标准：是指根据农产品标准要求，对不同农业行业的加工生产环境、生产过程的各个环节的农艺规程、农艺指标、加工规范等制定的标准。

农业病虫害防治疫情疫病防治标准：是指根据不同地区对种植业（含种草）、林业易发生的病虫害及畜牧、水产业易发生的疫情疫病的防治措施制定的标准。

良种（种子、种苗、种畜、种禽）培育、繁育技术标准：是指对良种培育和繁育过程中的技术要求及其快速检测方法制定的标准。

动植物保护技术标准：是指为了保持生态平衡对动、植物重复性的有效的保护措施制定的标准。

农业原产地保护技术标准：是指对特殊的需要进行原产地保护的农产品的生产环境、条件及产品特定的品质要求制定的标准。

农业能源技术标准：是指以农业能源的合理应用为对象所制定的标准。主要包括：能源基础标准、能源产品标准、沼气设施标准、太阳能、风力、小水电利标准等。

农业技术标准涉及的范围非常广，其他如土壤改造、水土保持、节水灌溉、农业信息测报及传递技术规范等，都属于农业技术标准范畴。各部门、各地的农业技术推广部门应该根据农业生产的需要制定适合本地区的农业技术标准并认真组织实施。

二、农业技术标准的分类

根据标准化法的规定，我国国家标准、行业标准分为强制性标准和推荐性标准。

（一）强制性标准

强制性标准：指我国标准化法律规定必须执行的标准，地方标准涉及安全卫生的技术要求的也属于强制性标准。国家强制性标准必须在全国范围内执行；地方强制性标准在本区域内强制执行。不符合强制性标准的产品，禁止生产、销售、进口。否则，将追究法律责任。我国在加入WTO谈判中，已经阐明了强制性标准属于我国技术法规，并得到了世界贸易组织及各成员国的认可。农业强制性标准的范围包括：种子（种苗、种畜、种禽）农药、兽药及其他重要的农业生产资料标准；农产品安全卫生标准；农产品生产、贮运和使用中的安全卫生要求；农业生产中的环境保护、生态保护标准；通用的技术术语符号、代号标准；国家需要控制的重要的农产品标准等。

（二）推荐性标准

推荐性标准是指国家、行业和地方制定的向企业和社会推荐采用的标准。国家和行业发布的推荐性标准，鼓励企业自愿采用。企业已经明示执行的推荐性标准也应认真贯彻执行。推荐性标准一旦纳入指令性文件，将具有相应的行政约束力。企业产品标准没有强制性和推荐性之分，一经发布都应认真贯彻实施。

第二节 农业技术推广的方式

新中国成立以来，我国的农业科技推广体系不断发展，从单一的政府主导型的推广体系，发展到了以政府推广体系为主，农业科研教育部门、农民合作组织、供销社、企业组织、有关群众团体等共同参与的农业科技推广体系。改革开放以来，已基本形成了一个以国家政府的农业技术推广组织为主体，农业科研与教学部门、农业社会团体、农业专业合作经济组织和农业龙头企业等共同参与的农业技术推广体系。

一、农业技术的常见推广方式

(一)政府主导型农业技术推广体系的农业技术推广方式

我国的政府主导型农业技术推广模式自新中国成立以来便开始构建，并得以运作，在推广发展的各个时期，对促进农业科技水平提高及农业发展都做出了应有的贡献。其推广主体是自上而下的，由各级政府领导的农业技术推广部门组成，推广经费主要来源于国家财政事业拨款。国家农业技术推广组织是目前5类农业技术推广组织中历史最长、机构较健全、推广人员最多、技术力量最雄厚的生力军，它是由省、市(地)、县(市)、乡四级农业技术推广中心构成。

1. 主要的农业技术推广方式 ①以项目为载体推广农业技术。如以农业丰收计划、“三农五方”、科教兴村、科技推广、星火计划等项目为载体，进行农业技术推广。②以信息服务为手段推广农业技术。如农技110服务是针对当前市场经济条件下，农民“缺乏信息、缺乏技术、缺销路”而创立的。利用现代化的通讯手段，在农村电话日益普及的情况下，为农民提供了便利、快捷、有效的生产技术和市场行情，在农业技术人员和农民之间架起了信息交流和沟通的桥梁。这种服务方式，使传统的农业技术推广工作与现代的高科技通讯网络技术有效地结合起来，从而大大提高了农业技术推广的效率和效果。③以送科技下乡活动为形式推广农业技术。各级农业行政部门和农业技术推广中心每年都要举办数百次形式各异的大规模送科技下乡活动，通过信息发布、现场咨询、技术讲座、成果展示、实地指导、科技录像、图书资料发放、科技产品优惠展销等形式，开展与农民面对面地交流生产经验，传播农业新技术，推广名、特、优新品种。④以拍摄科教兴农电视片为纽带推广农业技术。此种方法可以使农业技术通过电视传播到千家万户，有效地缩短了成果转化在时间和空间上的距离。⑤以开展农民培训为基础推广农业技术。农民是农业技术推广的对象，是农业技术的接受者和直接运用者。因此，农民素质的高低直接关系到农业技术推广的有效性，而培训是提高农民素质、传授农业技术的有效途径。⑥以开展农业技术推广年会活动和高产竞争活动为动力推广农业技术。通过活动的开展，建立激励机制，建设一批高效示范，培育一批科技示范户，从而带动周边农民运用和掌握农业新技术。

2. 优缺点 优点：这种推广方式有政府的强大后盾作支撑，便于宏观管理，统一协调，因而在运行过程中具有技术推广速度快、覆盖面广的特点。缺点：近年来，由于周围环境和条件的变化，使这一方式在运行过程中暴露出一系列的缺点。如对政府的高度依赖，灵活程度较差，技物分离严重，基层人员偏少，经费支持下降，在一定程度上存在着政事不分、缺乏活力等问题。

(二)以农业科研、教育部门为主体的农业技术推广方式

农业科研与教育系统是农业科技推广的一支重要力量。在农业技术推广系统中，科教单位参与的农业技术推广方式发挥着越来越重要的作用。以农业科研、教育部门为主体的推广方式，尽管农民是技术的最终使用者，但企业的利益又与这一技术有着密切的关系。所以，一旦农民的利益受到了损害，则企业的利益业就难以保障。因此，农业科研、教育部门为主题的农业技术推广方式是企业积极推动，农民密切配合，通过形成利益共同体来达到技术的扩散和应用。

1. 主要的农业技术推广方式　农业科研部门、教学单位，为了将自己的科研成果尽快地转化为现实的生产力，主动投身到农业生产的主战场，为经济建设服务，有的与地方政府、农村合作经济组织、农协等通过合同或协议的方式，建立比较稳定的科技依托关系，进行科研成果转让、技术承包、技术开发、科技示范等活动；有的直接将农业应用技术研究中的科研成果转化为实物，通过科技市场流通过程，运用价值规律和市场调节机制，将农业科技成果从农业科研教学单位送入到农户；有的与产业主体联合，解决理论和关键技术问题。在经费来源上，有多种形式，包括政府拨款、相关部门争取支持、单位自筹、科技贷款、协助单位出资等。

2. 优缺点　优点：在这一方式中，由于企业技术商品化的概念比较强，对技术市场的需求敏感，所以能够比较成功地推动经济效益好的技术，经营已经物化的和易于物化的技术；此外，由于直接涉及企业自身的利益，所以在技术推广过程中，企业、单位认真负责，并在经费支持上有一定保证。缺点：过于注重经济效益，缺乏必要的宏观控制，短期行为观念相对较重，不愿经营有长期效益和社会效益的技术。

（三）以专业合作组织为中心的农业技术推广方式

农民技术研究会、农民协会、专业合作社等是农民在参与市场的过程中自发组织起来的以农民为主体、以农民技术人员或者优秀经营人才为骨干，主动寻求、积极采用新的技术、新品种，谋求高收益的经营组织。由于其不断地引进、开发新技术和快速而有效地扩散技术的运行机制适应众多农民的要求，因而可以加快利用现代技术改造传统农业的步伐，增加农民的收入。目前，我国农民专业合作组织有 15 万多个，与 67 万个村相比，每 4 个村还不到 1 个组织，专业合作组织发展潜力巨大，但发展的任务和工作还也相当繁重。农业行政主管部门作为农民专业合作组织的指导部门，要加强对专业合作组织的指导和服务，进一步贯彻落实党中央、国务院关于促进农民专业合作组织发展的一系列政策措施，落实好地方党委、政府制定的有关扶持政策，在农业项目上给予积极支持，为专业合作组织发展提供优质的服务，构建良好服务平台，指导农民专业合作组织规范健康发展。

1. 主要的农业技术推广方式 以示范、咨询、传授方式为主，推动技术向周围地区的扩散，以取得技术方面的应用。

2. 优缺点 优点：这一方式在运作时，因属于民间团体，不受任何行政干预，故能灵活机动地从事有关农业技术推广工作；此外，由于主体自身的农民身份，而使其与农民之间更易接近、沟通，效果也更加明显。缺点：由于组织结构松散，又无法固定经费来源，因而组织内部凝聚力量相对较弱，系统稳定性程度较小，其无偿服务的形式也不利于组织的发展与完善。另外，在目前状况下，参与这一方式的农业技术推广人员，其素质也有待进一步提高，以增强其自身在农业技术推广过程中的作用。

（四）以社会团体组织为主体的农业技术推广方式

浙江省农业技术推广基金会是一家社会团体性质的农业技术推广组织。它于 1995 年 8 月 8 日创立，由 44 个捐赠单位及涉农部门的领导组成首届理事会，是经中国人民银行浙江省分行批准，省民政厅注册登记的民间非营利性质的专业社会团体组织，具有独立的社团法人资格。浙江省农业技术推广基金会是全国第一个作为社会团体的农业技术推广组织。浙江省农业技术基金会的服务对象主要是基层乡镇一级的农机站和农技推广单位。农业技术推广基金会资助对象主要是乡（镇）一级的农业技术推广事业。资助的方式主要有 5 种：①通过表彰、奖励对农业技术推广事业做出突出贡献的乡(镇)农业技术人员和优秀乡(镇)农业技术人员来稳定基层农业技术推广队伍;②通过表彰先进乡(镇)农机站,来引导和鼓励乡(镇)农机站加强自身建设。增强农业技术推广队伍服务的责任心;③通过资助农业科技试验示范推广项目,支持乡(镇)农机站开展基层农业技术推广工作,使乡(镇)农业技术人员有用武之地;④通过贷款贴息项目,资助农机站兴办经济实体,增强服务实力;⑤通过资助欠发达地区乡(镇)农机站建设,以提高贫困地区乡(镇)农机站的农业推广服务能力。

(五)以公司或企业为主体的农业技术推广方式

在众多的社会经济组织中,以农产品为原料来进行加工生产的企业,或其经营状况直接受到农产品质量及供应状况的影响的企业,为实现企业利益,必须关注农产品的生产状况和积极参与农业技术的推广。例如,根据市场需求动态进行新技术、新产品的研制和试验,建设农产品供应基地,向农户发放或供应优质品种种子,进行种、养殖技术辅导等。经营生产资料的企业,为了推销自己的产品,增加利润,也需要向农民推广有关技术,如农药、农膜、农机具、新型专用化肥、增产菌等。还有一种企业,从有关技术研究机构购买在农村具有广泛应用前景和巨大市场潜力的农业技术,然后将之物化为有关产品,向农民介绍、推广,从而在维护农民利益的同时,实现企业的利益。这种方式的经费来源,完全由企业自身负责筹措,多以市场前景好、效益高,可以迅速开发的新技术为主。

这一以公司企业为主体的推广方式也正发挥着其独特的作用。以公司或企业为主体的农业技术推广方式,尽管农民是技术的最终使用者,但企业的利益又与这一技术存在着密切的关系,所以,一旦农民的利益受到了损害,则企业的利益化也就难以得到保障。因此,企业积极推动,农民密切配合,通过形成利益共同体来达到技术的扩散和应用。

优点:在这一方式中,企业技术商品化的观念比较强,对技术市场的需求敏感,能够较为成功地推动经济效益高的技术,擅长经营已经物化的和易于物化的技术。此外,由于直接涉及自身的利益,所以在技术推广过程中,企业认真负责,并在经费支持上有一定保障。

缺点:过于注重经济效益,缺乏必要的宏观控制,短期行为相对较重,不愿经营有长期效益和社会效益的技术,因而政府必须对推广主体加强必要的管理和引导,使其建立全局整体型的农业技术推广观点。

二、现阶段新兴的农业技术推广方式

农业技术推广工作在农业科技创新中起着举足轻重的作用。长期以来,我国的农技推广体系虽然不断地进行着改革和完善,但农技推广服务方式单一、手段落后、针对性不强的局面仍然没有得到根本改变,一个重要的原因是在农业发展目标发生重大转变后,农技推广工作仍然把农民看做是农业技术服务的被动接受者,而对农民技术需求的特点与变化没有给予足够的重视。

因此,在以往进行农业技术授课和田间指导的基础上,我们还应采取多种形式的技术推广及培训方式,把农业技术传授到千家万户。

(一)科技特派员制度

科技特派员制度首创于福建南平。1999 年南平市委、市政府在充分调查研究的基础上,针对农业和农村经济发展急需科技支撑的状况,为了弥补农业发展中科技服务的缺位,采取积极措施,将大批高素质的科技人员下派到农村生产实践第一线,在闽北山区掀起了新一轮科技与农村经济发展紧密结合的热潮。国家科技部、人事部等有关部门对南平经验给予了高度关注,认为科技特派员制度是在新形势下,把科技、资本、管理等现代生产要素植入农村，提高农业组织化程度，密切党和政府与群众联系的有效措施，是解决“三农”问题的一项具有意义的探索。

实践证明，科技特派员已成为建设社会主义新农村的一支生力军，成为先进科学技术的传播者，成为农民奔小康的带头人和贯彻落实“三农”政策的促进者。科技特派员制度被评为新时期解决“三农”问题的成功实践，联合国开发计划署已对推广该制度予以立项资助。

(二)农业星火科技专家大院

为加强科技成果的迅速转化，西北农林科技大学于1999年与宝鸡市人民政府签订了农业科技成果转化合作协议，率先在全国创建了农业科技专家大院模式。农业科技专家大院是针对地方主导产业，由地方政府创造条件，科研单位和大学的专家、教授以大院为平台，直接将新品种、新技术、新成果输送到农业生产者手中和农业生产第一线，建立起科技直接进入农户的新通道。农业专家大院模式，缩短了成果转化的途径，减少了许多中间环节，解决了农村科技、信息传播的“最后一公里”问题，是新时期科技贴近农村、专家贴近农民、技术贴近农业生产的一条有效途径。

(三)通过创建农业科技示范园进行技术推广

农业科技示范园区是由于我国农民文化水平较低，对农业科技的理解不深，农业科技成果转化率慢而且低，同时由于农民经济收入较低，无力承担采用新技术和新品种所带来的风险而产生的。所以，通过“看得见、摸得着、学得成”的示范园区，进行新品种、新的栽培技术的试验示范，筛选出优质、高产的品种，总结出高产、高效的栽培技术，有效地调动农民的积极性和主动性，起到“做给农民看、带着农民干”的示范引路作用。辽宁省凤城市大梨树村“五味子病虫安全控害示范园”通过推广安全有效的病虫害防治方法，使产品达到了国际公认的质量标准，同时也带动了该市的其他五味子生产，带动农户改革了生产方式，从而使该市的五味子生产水平得到了大幅度的提升。

(四)通过"电视+电话+电脑"的方式进行技术推广

过去的农业科技培训方式多采用集中授课、张贴信息、海报等形式进行,这些培训方式覆盖面窄,传递速度慢,远不能满足当前形势发展的需要。当前是信息网络技术高速发展的时期,要充分运用有线电视网络为农业科技服务,解决农民在科技种田中遇到的实际问题。利用电话进行技术咨询,是一种效率高、速度快、传播远的沟通方式,而现在越来越多的农业专家咨询系统的建立,其系统性、灵活性、高效性更是培训高科技农民的首选方式。

(五)采取"企业+基地+农户"的技术推广方式

随着市场对农产品质量要求的提高和生产规模的加大,一批农业生产企业也在逐渐壮大,它们通过与农户签订生产合同,建立生产基地,提供品种和生产技术,以产品为纽带和农户建立了紧密的联系,实现了新品种、新技术的推广应用,特别是近几年发展起来的绿色及有机食品的生产,要求必须是由企业组织进行申报,这更激励了企业加大对科技培训投入的力度。

(六)采取"协会+农户"的技术推广方式

近几年成立的蔬菜协会、农业技术推广协会、植保服务队等社会化服务组织,较好地发挥了为农户服务的作用,在推广技术、培训农民、推进农业产业化方面取得了一定的成绩。某地为了解决农村因劳动力转移而出现的农作物病虫害防治难的问题,植保站建立了植保机械化防治服务队,配备了机动喷雾器 25 台,通过自我管理、自主经营的方式,实行统一防治药剂、统一防治对象、统一防治时间,2007 年实现机械化防治总面积 3333.3 公顷。

(七)采取农民"点菜式"的技术推广方式

以往的培训方式是老师讲什么,农民听什么,与农民的实际需求结合不够紧密。现在,每个季度都向农民发放技术需求单,将农民需求的技术进行归类,根据农民的实际需求进行授课。

总之，我们要根据农村的实际情况，灵活地选用各种推广方法，加速新技术、新成果的推广应用，提高农民的科技素质，使农村的物质文明和精神文明均得到提高。

第三节 农业技术推广的几种误区与注意事项

随着农业的发展，科学技术在农业经济发展中所起的作用越来越明显。为此，我国明确提出了科技兴农的发展战略，制定了一系列相关的政策措施。农业科技研究也取得了巨大成就，每年问世的农业科技成果众多。但科技对农业的贡献率仍不太理想，究其原因主要有以下几方面。

一、农业科技推广体制改革中强行把农技推广人员推向市场而忽视引导

在农技推广体制改革中，有人认为在市场经济条件下，农业技术推广用不着政府来抓，可以统统推向市场自己去解决，只要在经费上投入逐年减少，就可使其自生自灭。因此，从20世纪90年代开始，在县、乡机构改革中，不少地方对农业科技推广工作进行财政上“断奶”，行政上“脱钩”，人员上“裁减”的办法，使推广队伍“网破”“线断”“人散”。1991年，44％的县级农技推广机构和43％的乡级农技推广机构被削减或停拨事业费，造成全国区域性测报站第一线技术人员约30％流失，能正常工作的仅占一半，全国1256个乡镇农业技术推广站的财产被平调、挤占，致使各级长期投资积累起来的基础设施、仪器设备等财产流失。在这种形势下，还有多少农技推广人员有心思去开展农技推广工作呢？在目前情况下，农业效益比较低下，农民收入持续偏低，农业技术传播不足，农业

科技成果市场发育尚未成熟，税收、信贷政策并未对农技成果的转化形成有力的支持，加上农技成果推广示范从过去推广单位和农民双无偿到双有偿，在心理上和操作上都增加了许多难度，一下子想通过进行单一的农业科技体制改革，把推广人员推向市场，使农技推广部门达到经济上的完全自立，目前这绝对是行不通的，若处理不当将适得其反。

二、农业技术推广重政府行政手段轻经济手段

长期以来，我国农业技术推广一直采取通过政府行政手段来完成农业技术推广活动。农业技术推广经费由国家包揽，农业推广技术由国家指定技术来源并由国家提供，农业技术推广部门以行政管理为主要驱动力，将成果普及到农业生产中去，实现政府的农业技术目标。然而实践证明，这种单纯依靠政府，完全按照政府的指令去进行的农业技术推广工作有很大盲目性和局限性。它很可能使推广内容脱离生产实际，推广工作效率低下。因为农业技术只有在农民需要的情况下，才能自行扩散；反之，则很难推广，即使强迫推行，效果也不好，也难有持久的生命力。

有鉴于此，政府部门应在宏观上加强农业技术进步的调控，制定经济发展战略、科技政策和推广计划，微观上更多地采用经济手段。因为随着农村经营体制的转变，农业经济的发展，农业推广部门推广新技术和农民采用新技术的动力主要来源于经济利益的驱动。农技需求的大小，与推广、采用某种技术的预期收益成正相关。预期收益越高，需求越旺盛，带来技术的经济效益也就越好。因此经济手段将是农技推广的主要手段，不论是在促进农业科技研究，完善农技推广中的利益机制、竞争机制，活跃农业技术成果市场，还是在诱导农民采用新技术方面都将比行政手段更有效。

三、农业技术推广内容上重数量轻质量以致农业技术推广困难

农业科技推广内容不适合生产需要是农业技术推广困难的重要原因。我国每年研制的农业科技成果虽多，但大多数是一般性农业科技成果和难以转化的农业科技成果，突破性科技成果少，既符合生产实际又便于掌握运用的农业技术就更少了。这主要是因为：第一，农业科技研究整体布局缺乏科学性，课题分布领域不广，结构不合理，因此重复量大，质量低。第二，科研、推广与生产严重脱节。有的申请课题者根据政府偏好，脱离生产实际，单纯从文献资料出发申请课题，致使真正既具有科学水平，又适合农业生产实际，易于广大农民群众迅速掌握应用的成果不多。据调查表明每年只有10%的农业科技成果受农民欢迎，其余的都很难推广出去。第三，在农业科技成果推广中，推广人员大多素质不高，对推广地区的自然条件和社会条件了解不足，对推广项目内容认识不深，以致选择不当，那些不具有环境适应性、生产可行性和经济合理性的成果自然很难推广出去，从而进一步制约了农业科技成果推广率的提高。

四、农业技术推广队伍建设只注重数量稳定而忽视提高素质

一味强调农业技术推广队伍人员数量稳定，让大量低素质人员流入乡（镇）农技推广站，使农业科技推广队伍素质更加恶化，将成为一个更为严重的问题，如今，我国农村区乡农技推广人员中初中及初中以下文化程度的占63.8%。种植业、养殖业、农产品加工业的技术人员比例为97：56：1。绝大多数农技推广人员的知识结构不合理，农业综合技术知识欠缺，不具备农业经济与管理的知识和技能，不善于用经济指标来衡量推广项目的市场效果，因此

不能适应市场农业发展和农村经济发展的需要。在实际推广过程中还由于缺乏农村社会、心理学知识，不了解农村和农民的需求，农业推广的理论和方法掌握不够，从而直接影响农业科技推广效果。但至今，农技推广人员素质问题还未引起有关部门的足够重视。

五、农业技术推广重县级农业技术推广组织建设轻乡级推广站建设

在我国农技推广体系中，县一级农技推广中心面对的是乡农技推广站，主要承担着宏观上的指导性工作，而村一级面对的是广大农村地区和农民群众，处于农技推广战线的最前沿，从事的是更复杂更细微更具体的工作，需要农技推广人员投入更多的劳动力和时间，这也决定着我国农业技术推广发挥作用的大小。因此，乡一级农业技术推广组织建设应是农业技术推广工作的重点。但目前，我国农业技术推广体系中力量最薄弱，存在问题最严重的就是乡级农业技术推广站。乡一级缺设备缺人才，正规农业院校毕业的科技人员很少，村一级几乎没有农业专业技术人员。据统计，全国15%的乡镇没有建立农业技术推广站，24%的村没有农业技术推广服务组织或专职农业技术人员。而许多地方，县一级农业技术推广服务组织比较健全，政府农技人员50%以上集中在县级或县级以上。

六、农业技术推广方法形式单一，重说教轻宣传示范

农业技术推广工作的成败很大程度上取决于农业技术推广的内容和沟通方法。如果选择合适的农业科技推广内容，那么农业技术推广效果就主要取决于采取的推广方法是否恰当有效。目前，我国农业技术推广方法存在着一些问题：①推广方法单一。有

些农业技术推广部门工作人员责任心不强，不愿下乡，或觉得农民素质低，不愿意与其交流，便把乡干部作为科技推广活动的终端，采用发技术意见，发情报资料，开现场会这类简单易行的方式敷衍了事，在形式上把农业技术推广到乡下了，实际上农民们却没有了解到推广的农业技术，也无法准确掌握农业技术和从推广的农业技术中受益。②农业技术推广部门的宣传工作越做越少。包产到户以前，不光农业技术人员下乡频繁，农村科技宣传工作也搞得火热，几乎每户农家都有一个小广播，通过这个小广播，可向农民宣传农业科技知识、最新农业科学技术、科学种田养殖方法。但现在许多地方的小广播都停止使用了，加上电视、广播、报刊等宣传费用增加，县级以上技术人员又不愿下乡，所以农民获得农业科技知识的渠道变少了。③推广过程中，农业科技人员实地示范不够。实地示范是一种比发资料，开会等更有效的农业技术推广方式，因为看得见，摸得着，具有说服力，农民接受也快。另外，有什么问题可现场及时指导纠正。目前，由于农技推广经费紧张，农技推广人员下乡辛苦又无补贴，造成大多数农技推广人员不愿到农村去做田间示范指导工作，导致农民了解、掌握、运用新技术面临更大的困难。

七、农业技术推广长期忽视农民素质的提高

农民作为农业技术推广程序的终端，他们的素质、行为状况直接影响到农业技术推广工作的成败，因为素质的高低，直接影响到他们的意识、接受科技和运用科技的能力。有研究报道，农业职中毕业的农民技术吸收权数是 1.24，而高中、初中、小学、文盲半文盲文化程度的农民技术吸收权数分别为 1.14、1.03、0.91、0.78，这也说明农民素质低是制约农业技术推广的一个重要因素。现阶段，农村中素质较高的男女壮年劳动力转向非农产业，使本身就不

高的务农劳动力素质进一步下降,农业新品种、新技术更难推广应用。近几年,国家政府有关部门也意识到农民素质低下对农业科技成果转化的极大障碍,但一直未见有关加强农民教育的具体政策措施出台。

第四节 农业技术推广主要方式的案例

案例一、北京农村科技服务港农业推广方式

2007年开始实行的北京农村科技服务港,紧紧围绕农村科技协调员建设的核心内容开展工作,充分发挥集成服务"三农"的公益性、中介性和综合性的科技服务平台作用,按照"抓住一个核心,激发两个活力,实现三个突破"的总体思路及年度目标计划,努力推进新型农村科技服务体系建设工作。

目前工作进展及成效:以搭建信息化工作平台为基础,整合科技服务资源;落实六项保障工作,对接科技服务;突出重点工作内容,实现工作方式刷新。

(一)以信息化建设为手段,搭建科技服务资源平台

充分发挥科研院所科技资源优势,成功整合了北京市农林科学院信息所"农业语音信息服务系统"资源,建设了专业化的协调员信息服务平台,为进一步开展信息服务奠定了基础。

1. 完善农村科技服务港网站 完成农村科技服务港网站建设工作,网站各项服务功能运行良好。在原有的服务功能基础上,根据协调员需求增设市场行情、科普专栏等板块,增强了市场化信息服务。同时在服务港网站的基础上,建成农村科技协调员专业网站,搭建了一个协调员、专家、政府多方互动的网络沟通平台,实时向社会发布科技成果和农民科技需求信息,并通过专家参与,促进各种问题的解决。

2. 开通短信平台 搭建了农村科技服务港短信服务平台，充分发挥手机的作用，通过短信中心提供的下发和上传功能，实现农业信息短信服务的定制、点播以及与互联网的互动，为政府、农村、农民提供多样化信息服务。根据服务港重点工作内容，通过短信平台开展了产业技术信息服务、产业市场行情信息服务、需求解答服务、业务通知等工作。

3. 强化语音呼叫中心服务 与北京市农林科学科院信息所共建“农村科技协调员热线电话”，汇集北京市农林科学院、中国农大、北京农学院等多家科研院所专家参与科技咨询服务工作，针对农民语音咨询电话，农村科技服务港通过短信平台、专业网站、电话回复、上门服务等方式解决了部分农民的科技需求。

(二)以农村科技协调员体系建设为核心，推进科技服务工作

1. 需求调研 把握农村需求是服务港开展工作的着眼点，也是服务港开展推广服务的动力。以农村科技协调体系建设为核心，从完善农民科技需求沟通渠道、构建农村科技需求反馈网络着手，通过科技需求热线(010-51501853/4/5/6)、农业语音呼叫系统(010-51503939)、爱农信息驿站、短信互动平台等多种途径，及时掌握各类农村需求，建立了快速反应和全程跟踪的技术服务机制，同时，整合内部工作资源，建设需求OA平台，不断完善了“需求→资源→推广→需求”的闭环工作方式，提高了科技服务效率。

与北京市农林科学科院信息所合作共建的农村科技语音热线(010-51503939)，搭建了农民个体需求反映通道。主要工作手段为，建立快速绿色需求信息反应通道，责成服务港专人负责驿站工作对接，及时获得区县各驿站站点需求信息并进入服务港需求解答工作流程中。为驿站及其带动联系的农村科技协调员提供科技咨询服务。服务港以专家授课、田间指导、集中培训等方式对共性及个性需求予以解决。

2. 资源凝聚 广泛凝聚社会有效资源，为农民提供实惠的服务是服务港的宗旨，紧密联系在京涉农科研院所、高校，在发挥各单位专业优势的基础上，进行资源单位的优化组合，集成服务。服务港与中央在京院所、北京市属高校院所进行了充分沟通和对接，建立了科技资源协调库，包括涉农高校、院所10余个单位，以服务农民、建设新农村为共同目标，集中各单位科技优势为农村、农民服务。同时，注重梳理关键技术，明确重点，在转化和推广的过程中强化技术的集成应用，着重发挥技术的综合示范作用。

(1)对接科研院所资源，加快成果、知识转化应用　为加强农村科技服务港的核心服务能力，服务港广泛凝聚各类科技资源，与中国农大、中科院、中国农科院、北京林业大学等中央院校和市属三院（市农科院、农职院、农学院）建立了合作联系，并就中国农大节粮型蛋鸡、立体草莓、林地食用菌、微孔矿物肥等一批科技成果进行了示范推广，并取得了一定的经济效益和社会效果。

(2)广泛凝聚企业、中介资源，探索市场化服务模式　针对有机肥、农业装备等投入品新成果的推广，积极与阿姆斯、嘉博文、京圃园、颐永堂等一批有机肥料生产企业和设施农业协会、京鹏环球温室工程技术有限公司、现代农装科技股份有限公司等企业资源建立业务关系，探索依托科技协调员，以市场化运作形式，开展相关成果的推介、培训和宣传。同时，凝聚了BSI、SGS、方圆认证、新世纪认证、科环、技术交易中心、持国技术评估事务所等一批科技中介，在标准化推广、技术评估和技术交易等业务方面建立合作伙伴关系。

(3)依托职能局等政府资源，为科委工作提供服务　组织农业局、林业局等资源，就设施农业节水、病虫害防治、蔬菜新品种、耕地质量建设等10个重点领域的科技需求和技术选择进行研究；主持负责2008年重大农业科技项目的凝练和建议方案的细化工作，为科委软课题研究和重大项目立项提供支撑。

3. 技术推广　成果推广是服务港的核心工作，通过大量的需求调研分析，针对北京市农业、农村生产现状，服务港从各高校和院所筛选出了农民正在应用和有潜在需求的52项(套)农业实用技术，通过协调员实用技术展示及推荐主题活动，向广大农民介绍推介系列实用技术，吸引众多农民前来参观学习。针对农民普遍需求，凝练出了10项重大科技成果，编制详细推广方案，作为服务港当年重点向农村推广推介的技术。2007年开展了林地食用菌栽培技术、农大3号节粮型蛋鸡、草莓新品种及立体栽培技术三项技术的推广应用，取得了良好的经济效益和社会效益。

“农大3号节粮型蛋鸡”已推广至房山、怀柔、门头沟、平谷、昌平、密云、延庆7个区县33个乡镇，累计发放鸡雏17万只，预计农民增收510万元，培养和带动了100余名协调员。在技术推广过程中，根据当地实际情况，形成了“科研院所＋支部＋协会＋股份制”、“科研院所＋协会(专业合作组织)＋农户”、“科研院所＋公司＋农户”等多种推广模式，同时成立了专家和30名协调员组成的“京郊节粮蛋鸡养殖技术服务队”，负责蛋鸡养殖管理、疫病诊断等技术服务。服务港通过信息服务平台，为协调员提供科技咨询、技术指导、市场行情信息提供等多种服务，组织12次养鸡技术培训班，开展养殖户之间跨区域的横向交流学习活动，编印并发放了600份节粮蛋鸡用户手册。服务港还以北京工业设计中心为依托，为蛋鸡合作社提供农产品深加工包装及专业化服务，提高农产品市场化包装。

“林地食用菌栽培技术”项目已在房山、通州、怀柔、延庆、顺义、门头沟、大兴、密云8个郊区县进行推广，品种涉及长根菇、大杯伞、秀珍菇、香菇武香1号、特大毛木耳、高温平菇等7个品种，推广面积达133公顷，培养农村科技协调员近100名，农村科技服务港建立了食用菌产业协调员联系制度，开展食用菌制种技术、林地食用菌栽培与管理技术、病虫害防治等关键技术培训共30期，累计培训人数达1500余人次；开展现场指导栽培技术咨询服务达100余次，指导农户1000户，编印并发放1000份资料。通过培训和咨询服务，提高了林地食用菌的栽培管理水平。

“草莓新品种及立体栽培技术”，依托中国农业大学和北京市农林科学院，确立在顺义三高、昌平南邵和通州宋庄各建1个立体草莓示范观光大棚。目前，该技术推广正在按照实施方案落实各项工作。

技术服务是服务港的基础性工作，根据农民语音留言和热线电话，服务港及时组织专家到生产一线，到田间地头为农民解决问题，全年累计下乡90余次，直接受益农民3000人次。

农业推广教授工作进展顺利，目前在房山、延庆、密云3个区县5个乡镇都建立了推广教授工作试点，这些推广教授根据当地产业特色，组织相应的专家、技术成果为乡镇经济发展服务，把推动乡镇发展作为教授工作的重要组成部分。大部分乡镇已显示出推广教授的作用。

4. 科技培训 围绕协调员队伍建设，服务港从提高协调员知识水平、技术水平和服务水准3个层面开展培训，力求培养一支生活在农村、服务于农村的新型农民代表，更好地实现农村科技协调员对“新技术、新产品、新模式”的传、帮、带作用。2007农村科技服务港依托在京涉农高校及农业企业，通过教授下乡和协调员进大学的方式，举办果树、肉鸭、柴鸡、信息检索、植保、疫病防治等多种培训班(活动)120多次，累计培训协调员3500人次。启动了农村科技协调员培训行动计划，联合北京市农科院、北京市供销学校、北京技术交易促进中心3家单位，采用卫星直播、网络直播和双向视频方式开展实用技术、技术转移及市场营销3个模块的系列培训活动。组织农村科技协调员交流活动，分别在昌平、密云开展新能源、新技术展览，宣讲农村科技协调员建设工作和服务港服务职能。

5. 创新型乡镇建设 按照年初选定的11个创新型乡镇作为

建设目标，根据乡镇规划要求，服务港积极组织科技力量推动创新型乡镇发展，采取个人承包制形式，每个员工负责1～2个乡镇，作为年度工作考核内容。通过全年工作，每个乡镇的工作都有一定进展。在房山琉璃河利用农大推广教授的科技实力，对肉鸭产业进行技术改造，仅肉鸭强行换羽一项技术，就能延长种鸭使用年限，节约开支1倍以上。同时利用当地林地资源，发展林下经济，种植食用菌、养殖节粮型柴鸡，用科技和人才促进了乡镇经济的发展。对顺义杨镇进行实地调研，了解了乡镇在产业发展方面的工作重点，对原有工作方案进行了调整，并就如何促进企业采用科技新成果（草莓、蔬菜、甘薯新品种），加强技术培训、技术引进和技术示范方面达成一致，下一步将选择重点企业开展对接工作。与密云科委有关人员一道，深入石城镇进行产业调研，请专家为石城镇旅游业支招，同时发展旅游农业，重点在中华蜜蜂、食用菌、山野菜等产业方面取得突破，增加收入。

6. 宣传工作　配合农村科技协调员技术成果应用推介培训主题活动，组织召开新闻发布会，邀请中央电视台、北京电视台、新华社、科技日报等20家、25名首都重要新闻媒体代表参加，设置媒体提问、现场采访等环节，形成媒体与主办方及领导的现场互动。共有17家媒体进行了报道，报道信息22条。其中，京郊日报对52套技术分2个专版进行刊载，使京郊10万户农民可以看到该报，反响热烈。

组织13个区县科委协助拍摄农村科技协调员队伍建设电视宣传片13部，并在各区县电视台播放。请CCTV－7、北京电视台科委记者站等专业制作力量，拍摄农村科技协调员系列电视专题片6部。

与科委记者站合作拍摄协调员综合专题片2部，在推进农村科技协调员建设工作大会以及农村科技协调员推广培训主题活动上播出。与CCTV－7合作拍摄协调员典型人物宣传片4部，均在协调员技术推广培训主题活动中播放，得到了协调员的广泛认可和好评。

组织科技日报、农民日报、北京日报、北京广播电台、北京商报、京郊日报等记者深入京郊一线采访农村科技服务港2007年推广的重大技术。

与京郊日报合作，开设专栏"农村科技协调员风采录"，每周1期，每期1个典型协调员人物，每个区县4个协调员风采。与农民日报合作，在头版显著位置分3期以新立意、新角度反映农村科技推广服务体系建设创新工作。

协助《农村科技工作研究》刊物连续3期以协调员为专题，进行深度总结和提升。出版农村科技协调员《工作简报》，每周1期。在内部刊物《首都农村科技》，开辟了协调员专栏，刊登区县科技工作动态，反映市科委、区县科委日常农村科技工作亮点，为区县科技工作谋划和展示提供窗口。与科技网合作，以图文并茂的形式设置协调员宣传专栏。

（三）注重品牌建设，实现工作能力的3个跨越

服务港在做好"三农"服务工作的同时，始终注重自身能力的建设，主要从工作方法、工作内容、服务能力3个方面争取实现跨越式发展。

1. 在创新工作方式上实现跨越 不仅牢固树立为"三农"服务的理念，更注重在实际工作中以结果为导向，对每一项重点工作认真研究、精心规划与部署、制定缜密的工作计划，规范管理目标、责任到人，真抓实干、不论是农村科技协调员体系建设、创新乡镇建设的推进、十项科技成果的推广应用以及在进一步促进农村科技型企业的发展、培育壮大以科技为支撑的农村经济合作组织上，都紧紧围绕着以完善新型农业科技推广服务体系这个核心展开，努力把服务港建设成首都农村科技的资源港、活力港。

2. 在凝练工作内容上实现跨越 在工作中更加注重技术的

集成与应用，以市农林科学院等为技术依托，导入在京农业高校与院所等各级科研部门中的资源与成果，通过创新"需求→资源→推广→需求"推广工作环路模式，把林地食用菌栽培技术、立体草莓栽培技术、农大三号节粮型蛋鸡推广等一批科技"惠农成果"落实在新农村建设的中坚力量——各级各类农村科技经服务组织及首都农村科技主战场中最活跃、最有带动能力的农村科技协调员队伍中，带动转化推广到生产第一线，把服务港建成协调员之家。

3. 在提高服务能力上实现跨越　主要是通过请进来培训、开展学习与交流，工作研讨、调研、分析讨论等多种形式，围绕"服务"这一中心运转。为领导服务、为院所服务、为农业企业和服务组织及广大协调员、农民服务是服务港最基本的职能。在工作中从调查研究，信息反馈，督查催办，综合协调等方面，为领导决策提供尽可能多的依据和支持，实行全程性跟踪服务，确保决策和部署的贯彻落实。2007 年上半年共开展 2 次较大规模的农村科技协调员现状调研活动，并多次召开各种类型的座谈会，与区县科委、科研院所大专院校及有关委办局专家共商深化新型服务体系建设、推动协调员队伍健康发展的大事。

(四)营造农村科技协调员工作环境，推进新型科技服务体系建设

农村科技协调员是新型服务体系发展中的新生事物，需要创造软硬件环境来促进其发展，通过外因影响推动协调员建设。

1. 农村科技协调员技术转移服务能力培育　围绕"提升农村科技协调员技术转移服务能力和促进城区科技资源向郊区县辐射"的主题，依托北京技术转移联盟和其他优秀技术转移机构，针对农村科技协调员的需求，组织相关培训、交流、实地考察等活动。制定了"农村科技协调员技术转移服务能力建设工作方案(试行)"，明确了工作目标、实施内容、实施步骤及近期的工作重点等。2007 年 6 月 5 日，召开了农村科技协调员技术转移服务能力建设座谈会。北京圣泽林生态果业有限公司、北京和君咨询有限公司、“7＋1”高科技饲料企业联合体等技术转移服务联盟成员向13个区县科委介绍了技术转移的经验。并沟通了下一步工作的方向，重点是进行农村科技协调员的技术转移业务能力培训。

2. 创新型乡镇农村科技协调员服务体系建设 组织农村科技协调员协助院所开展乡镇产业调研。针对朝阳区常营乡具有回民聚居和传统农业产业萎缩等特点，引入北京大学景观设计学院为其编制可持续发展规划，并建立了一支15人的清真餐饮业协调员队伍和20人的绿化服务业协调员队伍，目前已通过这2支队伍协助北京大学完成了该乡的产业基础情况调研；针对苏家坨镇主导产业发展方向不明确、底数不清等问题，引入北京市农林科学院为其编制果蔬产业发展规划，目前已利用该镇建立的协调员队伍协助市农科院完成了实地考察和产业结构调研工作。

农村科技协调员促进高校院所技术成果在乡镇示范推广。通州区永乐店镇引进北京市农林科学院、河北省农科院和廊坊职业技术学院的木耳、香菇、鸡腿菇、杏孢菇等多个食用菌品种和节水微喷技术，目前已通过农村科技协调员在6.6公顷林地中示范；平谷区大华山镇建立了一支30人的技术推广协调员队伍，引进中国农大和北京农学院的桃优新品种6个，栽培新技术5项，示范面积达到6.6公顷。大兴区榆垡镇从北京市农科院、北京农业职业学院引进樱桃、杏等果蔬优新品种20个、小型农机具5套，通过建立30人的果蔬产业协调员队伍，使推广面积达到333公顷。

农村科技协调员搭桥，促进乡镇产业发展。顺义南彩镇协调员吕超搭桥，组织镇养蜂产业合作社与天天康乐果品产销合作社合作，于2008年春天组织30户蜂农200群峰入住南彩镇域果园，蜂农为果农提供授粉蜜蜂、果农为峰农提供蜜源，可谓是协调员搭桥，蜂农果农联手共创甜蜜事业。

3. 农村科技协调员市场化、社会化服务能力建设 调动协调员的积极性，帮助解决技术拥有方产品销售及推广的问题。通过以北京世纪阿姆斯生物技术有限公司为代表的北京市生物肥料企业联盟和爱农信息驿站联合，建立一种新型生物肥料推广联盟，即“企业＋农村科技协调员＋农户”的合作模式，在 600 个服务网点内展开市场调查、推广宣传等工作，引导农民使用新型生物肥料。目前，阿姆斯公司与爱农信息驿站已签订了合作协议，成立了“生物肥料推广小组”，并初步制订了规范的市场推广办法，销售模式、物流机制、培训机制、监督机制；编写了生物肥料专业知识和生物肥料推广技能的培训教材。

搭建农产品公共检测服务平台，通过农村科技协调员开展产品质量检测服务。依托北京市乡镇企业局，建立农产品公共检测服务平台，培训农村科技协调员，初步确定为大兴区的北京金维福仁清真食品有限公司、顺义区的北京易中生物科技有限公司、通州区的北京御香苑畜牧有限公司等 10 家农加工企业的产品提供产品营养成分唯一性测定服务，并提出产品改进方案。

4. 联合爱农信息驿站，为协调员提供支撑　爱农信息驿站在体制上采取企业承担政府项目的方式，探索“政府主导企业运营”的农村科技服务新机制，初步形成了符合市场经济规律的农村科技协调员商业化运营模式。

2007 年以来，农村科技服务港联合爱农信息驿站重点围绕各区县主导产业，以农业合作组织和龙头企业为主要依托，加强了以爱农信息驿站为主渠道的需求调研活动，通过调研，联系带动了全市 11 个涉农区县、118 个乡镇、641 个村的农村科技协调员 1210 名，收集 1474 份需求信息，并给予及时解决。在为协调员服务过程中逐步形成了服务产业的企业带动型、专业服务型、参与服务型、拓展经营型等 4 种工作模式。

案例二、北京农学院农业技术推广体系探讨——“1+1+X”农村科技协调员培训

北京农学院整合和利用学校优势科技与人才资源，以学校党委确定昌平兴寿镇、延庆四海镇与康庄镇、门头沟龙泉坞镇、平谷大华山镇五大基地为工作重点，构建依托推广教授实施技术转移、培养农村科技协调员为技术载体、服务广大农民为目的、个性化服务为特色的“一批推广教授＋一批农村科技协调员＋服务X个农民”的科技培训与技术推广体系。并通过项目的实施，提高农民科技与文化素质，扩大农民就业、促进农民增收，进而推进现代农业发展，建立起促进产业可持续发展的科技人才支撑队伍及产业发展的长效机制，推进农村社会转型，缩小城乡差距。

服务京郊，服务三农，是学校的立校之本；把论文写在京郊大地上，是全校师生不懈的追求。长期以来，学校通过技术培训和科技转化实施科教兴农、科教兴村战略。学校结合区县农业发展的技术需求和人才培养举办过“山区致富带头人”、“市场营销员”、“高级市场营销员”、“物流员”和“高级物流员”等多期培训班，成为北京市属高校中第一家进行市场营销和物流职业培训与资格认证的高等学府，目前已建立起了一套完整的职业培训体系，锻炼了一支精干的专业培训队伍，具有良好的培训工作基础。

“十一五”期间，学校评聘一批业务素质过硬、熟悉郊区情况、并且具有管理经验或技术专长的推广教授(副教授)，专门从事科技推广，作为学校专派人员以科技协调员顾问或专业合作组织联系人身份，加强了对科技协调员队伍的支撑，通过农村科技协调员进一步加强促进科技成果转化。这种上挂科技源头、下联农民用户的模式，被誉为“1+1+X”模式。2006年，学校以“1+1+X”科技培训与技术转化为工作模式，组织学校专家充分利用学校电视台、多媒体教学、网络等现代教学手段，采取现场指导与授课相结

合的方式，对北京郊区的农民实施绿色证书培训工程、跨世纪青年农民培训工程、新型农民职业技能培训工程、农业技术远程培训工程和高新、实用农业技术培训工程、科教兴村试点科技培训工程，农家女实用技术培训。仅2006年一年，共向农民赠送科技资料31000份、图书3000册，举办讲座46场、农民科技培训班102次，培训农民达16000名，取得了明显的经济和社会效益，受到了农民群众的普遍欢迎，也积累了丰富的经验。

(一)"1+1+X"农村科技协调员培训

1. 农村科技协调员培训　积极组织"农村科技协调员进大学"、"农村科技协调员训练营"系列活动，利用专家和学校资源优势，采用新农民学校、推广教授田间现场培训等方式，系统培训与短期培训相结合。其中重点培训五大基地农村科技协调员25名，累计培训昌平、延庆、门头沟、平谷4个区县农村科技协调员共200名。建立"1+5+50"体系，即1名推广教授指导5名农村科技协调员服务50名农民（农村科技示范户）的联动机制，并制定工作档案。举办短期科技培训班20期，培训新型农民2000人。编写新农村建设系列科技丛书90本。

2. 实用技术推广　通过推广教授实施5～6项技术转移成果的推介，包括山野菜种植技术、彩色甘薯种植及加工技术、奶牛高效饲养技术、野生花卉种植技术等。建设技术成果转化示范点10个，当地同比经济效益提高10%以上。

(二)"1+1+X"农村科技协调员培训实施

1. 科技培训实施方案

(1)"农村科技协调员进大学"，接受系统的技术培训与指导

根据需求将200名农村科技协调员分批送进北京农学院参加学习，并邀请知名专家、学者、企业家，以集中培训与分类培训、技术指导相结合的方式，搭建农村科技协调员与专家、企业家的沟通平台。

(2)组建农村科技协调员“训练营” 以昌平兴寿镇、延庆四海镇与康庄镇、门头沟龙泉坞镇、平谷大华山镇五大基地为基础，将25名农村科技协调员依产业分组，组建农村科技协调员“训练营”，到有关企业进行生产实践。促使农村实用人才了解现代化企业的生产现状、现代科技、人员组织等，让农村实用人才同时也是科技成果转化及现代化大生产技术的推动者。

(3)实行推广教授“田间”式技术培训及技术推广 制定一系列的推广教授激励政策，鼓励推广教授深入田间地头，与农村科技协调员进行手拉手的“田间”式培养与技术转化。

2. 技术成果转化实施方案 根据五大新农村建设基地产业发展情况，学校选派相关专业的推广教授深入调查技术需求和技术难点，每个基地在联系和培养5名农村科技协调员的基础上组织提供技术援助和建立技术示范点2个，项目结束后带动示范户50户。目前确定在五大基地开展的技术转化项目包括山野菜种植技术、甘薯种植及加工技术、奶牛高效饲养技术、野生花卉种植技术、有机果品种植及栽培技术等。

(三)“1+1+X”农村科技协调员培训特色

1. 农民教育教材

(1)编写《农民科技教育学导论》农民教育教材 农业推广，不仅仅是农业新技术的推广，更重要的是农民教育。由主管校领导郑一淳主编、于桉教授参编的《农民科技教育学导论》教材，针对北京农村农民现状、新型农民科技教育、农业推广等内容进行了深入地、系统地总结和研究。

(2)参编《大学生村官培训教程》 国内首部大学生村官培训的教材——《大学生村官培训教程》，在深入探讨大学生村官重要角色和历史使命的基础上，分别介绍了农村政策法律、农村社会管理、农业基础知识等相关内容，并从培养科学发展观、提高创业能力的视角阐释了大学生村官未来发展应具备的知识和技能。

2. 通过"1+1+X"工程，培训农村实用人才　2007年是深入贯彻落实科学发展观、扎实推进社会主义新农村建设的重要一年。繁荣农村、富裕农民是全市建设创新型城市和构建社会主义和谐社会首善之区的一项重要任务。通过该项目的实施，将建立、发展和培养起一支来自农民、植根农民、服务农民的农村实用人才队伍，搭建起延庆县旧县镇、沈家营镇农村实用人才体系。坚持以农民为本，大力培育出身于农民、服务于农民的农村实用人才队伍，让"科技二传手"——农村实用人才带动农村农民成为现代农民，解决农民在生产过程中遇到的实际问题，利用北京农学院专家队伍资源，以推广教授队伍为主体，带动培养农村实用人才，再由农村实用人才带领出若干名农民技术员，建设多层次的乡土人才队伍推进农村科技服务人才队伍建设。

3. 农民培训　2年多来共举办各类农民培训班20余次，培训农民2000余人，发放各种种植技术材料1500余份。根据农民的需求，协调各方面的专家对农民培训。

"1+1+X"服务工程使延庆县旧县镇三里庄村果农受益，对口推广教授根据延庆县旧县镇三里庄村农民对杏树春季田间管理的需求，秦岭教授为延庆旧县镇三里庄的农民进行了果树栽培的培训，秦岭教授把杏树管理、施肥、病虫害预防等知识送到群众手中，手把手地教授会员杏树的全年管理知识。陈学珍教授还针对该地区缺水的特点，为大家详细介绍了节水灌溉的方法。教授们在向果农传授杏树节水灌溉、覆盖生草技术的同时，倡导果农一定要提高对果品安全质量的保护和重视；倡导果农要团结协作，挖掘历史文化，结合民俗旅游，将三里庄的果品产业做大做强。46名果农参加了此次培训，农民们形象地称"我们有了自己的技术专家了"。

延庆县延庆镇唐家堡村新种植了大量的枣树，春天到了，该进行田间管理了，陈学珍与师光禄教授对唐家堡村村民进行枣树的春季管理、病虫害防治、林下作物种植的培训工作。师光禄教授丰富的实践经验、形象的肢体动作和风趣的语言为村民留下了深刻的印象。

陈学珍教授还为枣树间作农作物的林下经济种植进行了培训，参加培训的农民达100余人；并为该村带去了4个特用大豆品种。

4. 农民远程教育 陈学珍教授根据北京都市型农业、循环经济的发展和需要，为北京农民远程教育网讲授了4门课程，分别为："高产大豆栽培技术"12讲；"节水农业"14讲、"农作物秸秆综合利用"12讲；"良种繁育技术"12讲。

"节水农业"主要讲授了：我国是一个人均水资源不足的国家，人口占世界的22%，淡水资源仅为世界的8%。由于缺水，每年国民经济直接损失高达2000亿元！多年平均水资源总量为2.8万亿米^3，人均占有水资源量2200米^3，相当于世界平均水平的1/4；单位耕地面积占有水资源量只有世界平均水平的1/2。所以，我国的农业生产必须走节水农业的道路。

"农作物秸秆综合利用"主要讲授了：利用可再生性资源（包括秸秆纤维资源）是当前环境绿色高技术的重要内容，是保护环境的一个长远的发展方向，具有深远与现实的重要意义。秸秆纤维是地球上巨大的再生性生物高分子资源。从资源的可持续利用、保护环境和生物体亲和性与生物分解性特点出发，使农民对于能再生的秸秆纤维的利用寄予了很大的期望，由此秸秆纤维资源化利用，开发环境友好的绿色产品，已成为环境绿色高技术研究与开发中的热点领域。

5. 培训"村官助理" 2008年，于桉、陈学珍教授参加了北京农学院举办的非农村官培训工作，为100余人讲授农业科普知识及专业技能，并带领村官们参观了院实验实习场站，还与他们建立了密切的联系。只要是村官们有需求，他们做到随找随到，及时为他们排忧解难。

在推广农业技术的同时，定期到村官所在地，对该地、村不同的种植方式、不同的种植作物进行单独指导，大大提高了村官的工作能力，加深了专业知识，深受村官们欢迎。

延庆县康庄镇太平庄村从 2008 年初开始搞日光温室大棚。在大棚修建期间村书记通过北京农学院科技兴农办找专家去“把脉”，这样“推广教授”陈学珍就与日光温室负责人丁玉玲接上了头，并手把手地给农民姜涛传授各种作物的栽培技术，要把该地建成生态循环农业示范基地，免费给他们送去 5 瓶“399-物理转光剂”和 2 台手持糖分测定仪，定期检查大棚作物的生长情况，定期测定草莓品种的糖分含量，经过 2 个月的工作，使用新技术的草莓比对照品种的含糖量增加了 1.6%～2%，大大提高了草莓品种的品质，增加了效益。农民姜涛说：“由于这棚草莓品质好，比其他棚卖的价格也高好多”。

案例三：山东农科院农业技术推广方式介绍

山东省农业科学院通过启动全省农工业新技术推广计划，建设科技示范基地，完善科技服务网络，举办一系列现场观摩会及多种形式的送科技下乡活动，进一步加快了科技成果的推广。山东省农业科学院在全省的科技示范基地已达到 50 多处，新建科技推广服务联系点 210 处；全院常年参与科技推广服务的科技人员达 1500 多人次，服务范围涉及全省 17 个市、90 多个县(市、区)，并辐射到江苏、河南、宁夏等 10 多个省(自治区)，受到各地政府和广大农民群众的欢迎，为建设社会主义新农村提供了强有力的技术支撑。

(一)山东省农业科学院加强农业科技成果推广服务的具体措施

1. 启动全省农业新技术推广行动计划,初步构建起遍布全省的推广服务网络 2005年春季以来,结合“保持共产党员先进性”主题实践活动,山东省农业科学院在全省17个市选择部分优势农产品主产县,启动了全省农业新技术推广行动计划,选派100名业务水平高、实践经验丰富的专家,深入农业生产第一线开展推广服务活动。专家们深入项目区,通过技术培训、示范带动、现场指导等多种方式,加快了新品种、新技术的推广速度。为了使推广服务工作规范化、经常化,常抓不懈,在全省选择示范作用强的县、乡、村和农业龙头企业,作为院科技推广服务联系点,并签订了为期3年的推广服务协议书。协议书对服务专家、服务项目、服务方式和双方责任等都做了明确规定。目前已签订推广服务协议书210份,遍布全省17个市80多个县,经过优选确定了120处重点联系点,基本形成了覆盖全省的科技推广服务网络。推广服务联系点的建立,是山东省农业科学院广大科技工作者实施全省农业新技术推广行动计划,为建设社会主义新农村提供科技服务的一种有效探索。这种方式加快了科技成果推广转化的速度,加强了专家和基层的信息沟通,深受基层和农民群众的欢迎。

2. 科技示范基地建设取得新成绩 在巩固已有示范基地的同时,2005年山东省农业科学院新建立优质小麦、板栗、食用菌、良种猪等高水平示范基地4处,对加快科技成果辐射推广,提高优势农产品的市场竞争力发挥了重要作用。其中,广饶优质小麦示范基地,通过与国家级重点农业龙头企业——半球集团的合作,推广“济麦20”等优质专用小麦新品种2万公顷,实现了农民增收,企业增效;山东省莘县食用菌示范基地,土肥所专家与当地农业部门加强合作,共同做好技术指导与服务,大力推广杏鲍菇、鸡腿菇等珍稀品种和高效栽培新技术,实现了从菌种供应到产品收购的一条龙服务，全县食用菌年产值达25亿元，带动了4万农民脱贫致富。

3. 举办系列现场观摩和展览发布会，产生了广泛的影响 2005年山东省农业科学院主办了一系列规模大、档次高的现场观摩会、展览会和新闻发布会，对加快科技成果推广产生了重要作用，受到了部、省领导、有关部门及全省上下的广泛赞誉。“小麦新品种现场观摩会”，省内外与会人员达180多人，对“济麦20”、“济麦21”在获新品种后加快推广具有重要意义。“鲁棉研系列抗虫棉育种研究汇报观摩会”，与会领导和专家对省农科院近年来在转基因抗虫棉育种取得的突出成绩给予了高度评价，充分展示了省农科院抗虫棉研究在全国的优势地位。“鲁单系列玉米新品种现场观摩会”，来自全国各地的400余名代表对省农科院的系列玉米新品种赞叹不已，进一步提升了省农科院玉米科研工作在全国的影响力。“山东省农业良种产业化工程良种猪项目十年研究成果暨优势安全猪产品上市新闻发布会”，广泛宣传了良种猪新品系及安全猪肉生产技术体系，进一步巩固了省农科院在全省良种猪研究方面的龙头地位。山东省农业科学院同泰安市人民政府、山东农业大学共同举办了第三届“中国泰山国际苗木花卉交易会暨中国泰山国际苗木花卉产业发展研讨会”。省农科院果树所等6个单位参展，展出成果丰硕，受到省领导和与会者的好评。主办的花生、水稻等新品种观摩会及协助组织召开的“全国跨越计划优质小麦经验交流与现场观摩会”，对宣传推广本院新品种也发挥了重要作用。

4. 形式多样的科技服务活动扎实有效 在组织好重大活动的同时，山东省农业科学院面向全省采取赶科技大集、进村入户指导、举办培训班、电视讲座、热线电话等多种形式，开展了一系列扎实有效的科技服务活动。春季突出做好春播春管科技服务，秋季重点做好小麦秋播技术指导，冬季则重点围绕畜禽饲养、果园及设施蔬菜管理等搞好技术培训和现场指导，增强了服务的针对性和实效性。2005 年 10 月，菏泽市遭受了大面积涝灾，农科院领导立即率领专家组前往开展技术服务。选派 23 名专家，配合省科技厅举办了 17 期“全省县市科技局干部实用技术培训班”，涉及粮、棉、果、菜、菌、中草药、畜禽等各个方面。在省农业厅、省科技厅发布的 20 项重大农业技术和 63 个主推品种中，山东省农业科学院分别占到 60%和 42.9%。另外，对外公布农业专家热线电话 30 多部，利用院局域网开通了“山东农业电视台”，强化了远程指导与服务，提高了效率，降低了成本，受到基层农业技术人员和农民群众的欢迎。

5. 全方位科技宣传影响广泛 利用多种媒体开展科技宣传和培训，是科技推广服务工作的重要形式。山东省农业科学院重点加强了与中央及省级报刊、电视台等主要媒体的联系，同时也更加重视网络和院简报的宣传作用。其中，山东电视台农业频道经常邀请省农科院专家制作节目，成为宣传农业科技成果的重要窗口之一。在 2005 年度，中央及省内各大媒体宣传本院的专题报道、访谈节目、现场采访等共计 160 余期(次)，为历年之最，扩大了推广服务的覆盖面。

6. 对结合扶贫开发搞好推广服务进行了积极探索 利用人才和技术优势，与政府扶贫部门加强沟通，借助扶贫项目开展对欠发达地区的农业技术推广服务，取得了初步效果。在突出为济南市搞好科技服务的过程中，针对其“1 县 13 乡”的扶贫开发计划，重点加大了对商河县的科技扶贫力度，目前已与商河县达成了科技扶贫合作协议，正组织有关专家对有关项目进行筛选论证，围绕扶贫项目做好农业科技服务工作。同时，根据平阴县和历城区的贫困山区特点，加大了对甘薯、谷子、中草药种植的技术服务工作。

7. 横向合作营造了良好的推广环境 进一步加强了同有关地(市)及相关单位的横向合作，拓宽了服务渠道。先后与宁夏农牧厅、东营市人民政府、聊城市人民政府、泰安市人民政府签署了科技合作协议，并新设立山东省农业科学院泰安分院、滨州分院、临沂分院，在全省的分院已达到13处，为整合全省科技力量，加强科技合作，促进科技成果转化创造了良好的外部环境。

（二）山东农科院做好科技推广服务工作的经验和体会

在农业科技推广服务工作中，山东农科院取得了一定成效，同时也在进一步明确了推广服务工作的地位和作用方面进行了有益的探索，在推广服务方式方法上有所创新，积累了一定的经验，有着很深的感受和体会。

1. 明确定位、统一认识是做好农业技术推广工作的基础　农业科研单位要做好科技推广服务工作，首先要明确定位，统一认识。科技推广服务是国家赋予公益性农业科研单位的神圣职责，《中华人民共和国农业技术推广法》对此有明确界定。在农业科研过程中，推广既是科研的延伸和补充，也是新的研究项目选定和立项的源泉。加强农业科技推广既符合科研自身发展规律，也是由我国农业技术推广体系比较薄弱的现状决定的，更是引领广大农民科技致富，加快建设社会主义新农村步伐的迫切需要。在创建国家级农业科技中心的过程中，山东农科院提出要把黄淮海区域创新中心建设成为黄淮海区域现代农业科技成果的创新研究中心，农业新技术新成果的推广转化中心、农业科技人才的培训中心和农业科技合作交流中心。"四个中心"概括表明了农业技术推广服务在创建国家级农业科技创新中心中处于重要地位，山东农科院在突出自主创新的同时，加大农业科技推广服务工作的力度。山东农科院全院上下对农业技术推广工作的认识进一步深化，以自主创新为核心，科研、推广和科技开发"三位一体"的农业科技创新体系正在形成。实践使山东农科院深刻认识到：明确定位、统一认识是做好农业科技创新推广服务工作良好的基础和前提。

2. 以项目带动是做好农业技术推广服务工作的关键措施　科研

单位要做好推广工作，就要充分发挥承担国家和省级各类科研开发项目的优势，以项目集成的人才、成果、经费作为推广农业技术服务的支撑，以项目实施带动推广服务工作，以推广扩散的实践，促进科研项目的完成和科技成果的产生。这是一种互为依存的辩证关系。山东农科院组织全院各个单位与基层农业技术部门紧密结合，与农业生产需要紧密结合，强调和注重以研发项目带动农业技术推广服务工作，特别是狠抓20多项国家和省级重大成果转化和推广项目的实施，将各项技术措施落实到千家万户，实现了项目实施和科技推广的双赢。棉花中心先后承担国家成果转化资金、省财政重点成果推广和省农业综合开发等多个项目，通过与省内外龙头企业合作，加快良种繁育，大力推广抗虫杂交棉新品种，仅“鲁棉研15号”就在全国8省(自治区、直辖市)累计推广157.7万公顷，增产皮棉4.1亿千克，增加社会效益479亿元，使该品种成为迄今国内推广面积最大、取得经济效益最高的杂交棉品种。

3. 与企业联姻是做好农业技术推广服务工作的有效途径 蓬勃发展的农业龙头企业具有庞大的市场营销网络，也建立了较好的订单收购机制和跟踪服务体系。加强与龙头企业的合作，可以有效地利用企业的服务体系和辐射功能，大大提高科技成果推广和技术服务的效率。山东省农科院作物所与国家级重点农业龙头企业——“半球集团”紧密合作，在广饶县推广“济麦20”等优质专用小麦新品种，通过订单收购实现了优质优价。棉花中心与“山东中棉公司”和“农兴公司”合作，带动惠民县成为全国最大的抗虫杂交棉制种基地县，1995～2005年全县“鲁棉研15号”杂交制种累计达4580公顷，为制种农户增加直接效益1.44亿元，制种企业实现利润1.1亿元，使制种产业成为惠民县经济发展的两点和纳税大户。通过与企业的联姻，山东农科院已形成了“科技＋农业龙头企业＋农户”的农业技术推广服务模式。

4. 建立稳定的服务网点是做好农业技术推广工作的重要依

托　科技示范基地是山东农科院科技成果的综合平台，推广服务联系点是山东农科院为“三农”服务的前沿阵地、众多的基地和联系点构成了覆盖全省的推广服务网络，对加快成果转化，提高优势农产品科技含量和市场竞争力发挥了重要作用。目前，山东农科院已在全省优势农产品主产区挂牌建立 50 处科技示范基地，在 80 多个县建立 120 处重点推广服务联系点，成为省农科院科技推广服务的主要载体和依托。相对稳定的推广服务网点和便捷的联系沟通方式，提高了推广服务工作的针对性和时效性，产生了良好的社会效果。畜牧所以全省 40 多家大型规模化养猪场、肉类加工厂为农业技术推广服务联系点，提供全方位服务，使良种猪配套系统和无公害猪肉生产技术在全省得以快速推广，有力地促进了全省养猪业的健康、快速发展。

5. 加大投入是做好农业技术推广服务工作的有力保障　山东农科院院党委和院行政对农业技术推广服务高度重视，从 2005 年开始设立了专项经费予以支持，院属各单位也进一步加大了投入力度，保证了农业技术推广工作的顺利开展。据粗略统计，2005 年全院各研究单位用于农业技术推广服务的经费达到 300 多万元。果树所为筹备泰山国际苗木花卉交易会，投入资金达 10 多万元。玉米棉花中心和畜牧所也为开好现场会和发布会，与合作单位共同提供了充足的经费支持。随着创建国家级农业科研中心的实施，科技推广服务的经费投入将会大幅度的增加，山东农科院的农业技术推广服务工作会迎来一个前所未有的良好机遇。

6. 评比奖励为搞好农业技术推广服务发挥了良好的引导作用　为调动各个单位的积极性，山东农科院院党委对农业技术推广服务工作进行了考核评比和表彰奖励。在广泛征求意见的基础上，制定了比较系统的农业技术推广服务工作评比体系，包括了组织和参与重大推广服务活动、建立示范基地和联系点、技术培训、科技宣传、承担推广项目等各个方面，为全面考核和评比各单位农业技术推广服务工作提供了充分的依据。经单位自查、申报和组织全省专家评审，山东农科院全院共评出推广服务先进单位5个和先进个人10人。为总结经验，表彰先进，山东农科院召开了首次“科技推广服务总结表彰大会”，对先进单位和先进个人进行表彰和奖励，为进一步搞好推广服务工作起到了良好的激励和引导作用。

第五章　招商引资的主要工作

第一节　招商引资对象资信调查

农村农业招商引资同其他行业招商引资一样，也必须对招商引资对象进行资信调查。

一、资信调查的分类、意义及内容

资信调查(Credit Information)是指通过一定的方式对贸易客户或合作与投资伙伴的基金及信用等情况进行调查了解。资信调查在有的国家和地区又称征信调查，所以有时又被译为 Credit Investigation 或 Credit Inquiry，简而言之，就是验证一个人或一个企业的信用。资信调查与咨询服务并不完全相同，咨询服务是聘请他人做经营、管理或信息方面的顾问和参谋，而资信调查是聘请他人当商业方面的侦察人员。通常所说的投资决策之前要做好内外市场的调查研究工作，主要指的是要做好投资环境的评估。当然，如果从广义上来理解，也可以把资信调查包括在其中。

(一)资信调查的分类

资信调查按照不同的标准可分为不同的类型。以资信调查的区域为标准可分为：国外资信调查和国内资信调查；以资信调查的对象为标准可分为：投资资信调查、交易资信调查、管理资信调查、聘雇资信调查和婚姻资信调查；按资信调查的方式又可分为：直接资信调查、间接资信调查、直接和间接相结合资信调查等。

一般来说，资信调查是在一项决策做出之前进行，但由于经营管理过程中时常要进行一些较重要的决策，所以资信调查也不是一次就做完了，而是根据需要，选择适宜时机对投资与合作伙伴的资信状况不断进行了解和掌握。另一方面，投资与合作伙伴的资信状况也处在不断变化之中，需要不断进行了解，特别是当其法规与组织管理结构发生重大改组、人事发生重大调整或生产与经营状况发生逆转时，更需要及时把握其资信的变化情况。由此来看，资信调查又可分为事前资信调查、事中资信调查、追踪资信调查与应急资信调查等。

（二）资信调查的意义

从招商引资与投资项目的角度出发，做好资信调查的意义和作用主要有以下几点。

第一，有助于选定资金和信用等方面情况良好的投资合作伙伴。如果我们选定的合作伙伴资信可靠，那么就有助于合作和投资项目的顺利进展；反之，如果选定的合作伙伴资信不佳，不仅对项目的顺利进展不利，甚至还会使我们受骗上当，造成企业亏损以至倒闭破产。

第二，进行资信调查有利于做出科学的投资项目决策，提高项目的成功率，促进招商引资与投资事业的发展。例如，在利用外资与国内投资工作中，都把对外方及国内投资方的资信调查作为一个重要环节来抓，结果是有力地提高了这两个方面的审批质量和工作水平。

第三，搞好资信调查还有助于减少农村与投资方的矛盾和纠纷，避免出现不必要的风险和损失，一方面增加农民收入，另一方面可以使企业能够取得更好的经济效益，使投资方的本金能够保值和增值。

第四，资信调查一般在项目可行性研究之前进行，因此，资信调查搞好了对项目可行性研究工作的顺利开展也有很大的益处。总之，资信调查是做好我国农村招商引资工作的一个重要前提。

(三)资信调查的主要内容

1. 公司或企业的注册时间与注册地点　公司或企业的成立时间长短是一个很重要的信号。据统计,公司的破产率与公司成立的时间长短有很大的关系。在破产的公司中,破产绝大多数发生在公司成立的早期,破产的最高峰是在公司成立后的前3年,一般破产率达20%左右,到成立后第十年,破产率逐步趋稳,在5%上下徘徊。所以,在需求合作伙伴时要特别注意这一点。当然这并不是说绝对不能与新成立的公司打交道。

2. 公司的注册资金本金　现在大多数公司或企业都是有限责任性质的公司或企业,即企业只是以其注册资金的上限对本企业的债务承担有限责任。企业的经营能力与企业的资金实力有着密切的关系。例如,一家资信调查机构在调查香港一家公司的资信情况时发现,其注册资本数量很小,但却大肆宣传自己实力如何雄厚,可出几亿港元与我方合建企业等,这显然存在招商引资风险。

3. 公司的法律或管理组织结构　大公司一般有不同形式的组织结构,如有子公司、分公司和母公司之分;有有限责任公司、无限责任公司和股份有限公司之分;有股票上市公司与不上市公司、独资公司与合资公司、控股公司与非控股公司之分;此外,还有独资企业与合伙企业之区别。总之,所有这些组织结构形式,都会在某些关键时刻或关键问题上影响该公司的效益。如子公司形式与分公司形式就有很大不同:子公司的债务由子公司负责偿还,偿还不了时则企业倒闭破产;而分公司则不同,因分公司不是独立的企业法人,所以分公司所欠的债务在自身偿还不了时,母公司要代为偿还,这说明分公司是无限责任性质的企业。

4. 资产负债比率　资产负债比率是指企业负债总额与企业资产总额的比率。其计算公式为:

资产负债比率=(负债总额/资产总额)×100%

资产负债比率是衡量企业资历和风险的重要尺度。这里所说的负债，是指企业所负担的全部短期和长期债务；这里所说的资产是指企业所拥有的一切财产、物资、债权和其他各种可以用货币计算的权益。一般来说，该项比率越低，说明企业资信越好；反之，如果比率越高，说明企业资信越差。这项比率原则上不应超过100%。

5. 合作伙伴的性格、道德（品行）和能力 合作伙伴诚实可靠并具有较强的业务开拓能力，是双方合作成功的保障和基础。为此，要对合作伙伴的经历、学历、信用、性格特点、主要经营者之间的相互关系、实际经营者与其继承者的关系、经营者对现代经营管理知识的认识和实践程度、经营者的经营作风、履约情况以及经营者的经营能力等进行调查了解。

6. 企业员工和设施等经营管理方面的情况 具体包括企业员工的数量、构成比例、流动率、敬业精神、薪金水准和工会组织作用；企业设备的技术档次、配套能力和商标牌号；企业经营与管理机构的设置、经营与管理计划的制定和执行情况、经营范围和经营性质等。

7. 往来银行 了解潜在合作伙伴往来银行的名称、地址以及其在银行中的存、借款情况和对外付款记录也是很重要的。

8. 业务现状与展望 企业货源状况、生产状况、销售状况、销售市场的分布、未来销售计划、关联企业现状与预测、该行业发展前景、企业业务开拓规划以及长期投资的行业、产品、时间和地区分布状况等与企业资信情况也有着密切的关系。

二、资信调查的途径和程序

（一）资信调查的途径

1. 通过国内外银行进行调查 通过国内外银行（如中国银行等）进行调查。调查时，调查者要先提出委托申请并提供被调查对象的相关资料，然后银行拟好文稿，附上调查对象资料，寄往其往来银行的资信部门。调查者也可直接向对方的往来银行调查。调查时，将企业自拟的文稿和调查对象的资料寄给对方往来银行的资信部门。通过银行系统进行调查，除了可以了解到被调查对象的资力与信贷信誉等属于银行内部保密的情况之外，所需费用也相对较低。

2. 通过国内外的企业咨询或咨询调查机构进行调查　许多咨询机构都进行客商资信调查工作，还有一些咨询机构本身就是以资信调查作为其主要业务的，即专业性的资信调查机构。在通过国内外的咨询和资信调查机构进行资信调查时，也要提出委托申请并提供被调查对象的相关资料。由于是专业咨询和资信调查机构，所以调查报告的内容会更全面准确，时效性也会更快，因是中立机构，故所提供的报告更客观公正。但委托这类机构进行资信调查，费用会相对高一点。

3. 通过实地考察进行调查　调查者派人进行实地考察了解，判断对方的资信，或根据对方的来函、报道对方情况的报刊杂志以及对方股票的股市行情等做出判断。

4. 通过对方提供的相关资料，与对方直接接触进行调查　要求对方直接提供能反映其资信情况的资料，直接与对方接触，面对面核实对方的身份和询问对方的生产经营规模、注册资金、年度盈利情况等，通过这些方式也可了解和判断对方的资信。当面询问不要顾虑礼貌问题，如果担心有悖于对方的风土人情，则可先出示自己的合法身份和介绍本公司的情况。

这 4 个途径中，前面 3 个是间接资信调查途径，后 1 个是直接资信调查途径。

(二)资信调查的程序

该程序主要适用于间接资信调查过程，间接资信调查途径的程序大同小异，下面以“通过国内资信调查机构进行调查”为例，介

绍基本程序:

1. 提出委托申请 即由委托人向资信机构提出书面申请,详细列明调查对象的相关情况和具体事项以及委托方的情况。

2. 付款 零散客户在委托申请提出后付清费用。固定客户付款情况有所不同,采用的是定期结算付款方式。

3. 开始调查 资信机构在将委托人所填写的委托书统一编号备案后,便开始通过相应的方式进行调查工作。根据惯例,资信机构在从事调查时无权向调查对象透露委托来源。

4. 提供资信调查报告 资信机构在事先约定的期限内完成调查工作,向委托人提供资信报告。报告标准文字为中文。

三、资信等级评定

资信(或信用)等级评定是指以统计方法,将影响企业信用的各项要素数量化和精确化,按照具体、客观、准确、迅速的原则,对被调查企业的信用状况给予一个总体评价。具体进行评定时要制定出一个评分表,以企业得分总数之多少,评定其信用等级。一般是将企业的综合信用分为 4 个等级,即最好(High)、好(Good)、一般(Fair)、差(Limited),有时也称 A、B、C、D 4 级。

(一)A 级:优良客户

标准和条件:①在本行业与银行界必须具备最高的信誉;②有稳定的高于本行业平均水平的获利能力;③属于第一类股票上市公司,盈余情况良好;④属于全国性成绩优良的大厂商;⑤财力雄厚的厂商;⑥对本公司盈利有突出贡献的厂商;⑦自动付款交易情况良好。

(二)B 级:满意客户

标准和条件:①长期往来性客户,收付款情况正常;②公司获利情况良好;③往来交易量平稳;④企业与其负责人无不良评价;⑤对本公司盈利有贡献的厂商;⑥地方性厂商;⑦上市股票公司,盈余正常；⑧同行业与银行界评价良好；⑨小型企业具有潜力者。

(三)C级：应该注意的客户

标准和条件：①往来交易有延滞或换票情况者；②查询往来银行实绩较差者；③公司或工厂用房与用地为租用者；④企业财力薄弱者；⑤公司新成立营业未满三年者；⑥旧客户久未往来，近来重新往来者；⑦夕阳行业的厂商；⑧不景气受害较严重的厂商；⑨负债比率偏高的厂商；⑩有财务纠纷或诉讼的厂商；⑪资信资料不全的厂商；⑫在同行业往来交易中有不良记录的厂商。

(四)D级：应特别注意的客户

标准和条件：①营业情况不良者；②获利能力差，今年严重亏损者；③资产负债比率偏高，负债情况严重；④产品滞销情况严重；⑤关系企业经营失败；⑥被主要往来客户重大倒账；⑦股东不和，情形严重，重大股东退股；⑧遇水灾、火灾等重大自然灾害者；⑨有重大漏税或违法情形者；⑩同行业传说不稳定者；⑪有退票等不良记录者；⑫有刑事犯罪前科者；⑬付款情况不良，经常需要催讨者。

第二节　招商引资谈判

一、招商引资谈判的概念

招商引资谈判是指在招商引资活动中，处于不同国家或国内不同地区的当事人为了达成某笔交易或签订某项协议，彼此通过信息交流，就交易或协议的各项要件进行协商的行为过程。招商引资谈判是一种在招商引资活动中普遍存在的、解决不同商业机构之间不可避免的利害冲突、实现共同利益的必不可少的手段。

由于谈判双方的立场不同，所追求的具体目标也各异。因此，谈判过程充满复杂的利害冲突和矛盾，正是因为有冲突，才使谈判成为必要。而如何解决这些冲突和矛盾，正是谈判人员所承担的任务。一项谈判能否成功，就在于参加谈判的双方能否通过各种不同的讨价还价的方式和手段，往返折中，最后取得妥协，得到一个双方都能接受的、公平合理的结论。这就要求参加谈判的人员具备高度的原则性和灵活性，具备广博的知识和丰富的想象力，既有远见卓识，又有灵活机智的策略和技巧，这样才能立于不败之地。所以，谈判本身是各种知识的综合应用，而运用本身则是一门艺术。

二、招商引资谈判的特点

(一)谈判对象的广泛性、多样性和复杂性

招商引资活动不受时空限制，企业无论作为买者还是卖者，其交易对象的选择范围都十分广泛。而具体的谈判对象交易条件又是多样的、变化的。这就要求招商引资谈判人员要围绕本地区、本企业的经营范围，广泛收集信息，了解市场行情，并选择适当的方式与社会各方面保持广泛的联系。

(二)谈判条件的原则性与灵活性

农业企业招商的目标要具体体现在谈判条件上。这些条件具有一定的伸缩余地，但其弹性往往不能超越最低界限，这一界限是谈判人员必须坚持的原则。这一特点就决定了企业谈判人员要从实际出发，既要不失原则，又要随机应变具有一定的灵活性，以保证实现招商引资谈判的基本目标。

(三)谈判口径的一致性

在招商谈判中，双方谈判的形式可以是口头的也可以是书面的，谈判过程往往需要反复接触。这就要求谈判人员要重视谈判策略与技巧，注意语言表达和文字表达的一致性。因此，谈判人员要有比较好的口才和文字表达能力，也要有较强的公关能力。

三、招商引资谈判的原则

(一)坚持平等互利的原则

平等互利原则，要求谈判双方在适应对方需要的情况下，公平交易，互惠互利，这是保证谈判成功的重要前提。

(二)坚持信用原则

信用原则是指招商引资谈判的双方都要共同遵守协议。重信誉、守信用是基本的职业道德。在谈判过程中，应注意不轻易许诺，但一旦承诺，就应履行，保证言行一致，取信于对方，以体现真诚合作的精神。

(三)坚持相容原则

相容原则要求谈判人员在洽谈中要对人谦让、豁达，将原则性和灵活性有机结合起来，以更好地达到谈判的目的。

总之，从长远合作的角度看，谈判应使双方都得到发展的机会。为此，我们遵循的谈判原则与技巧至少要满足以下 3 个标准。

第一，谈判要达成一个明智的协议。明智的协议的主要特点就是双赢，谈判的结果应满足对谈判各方都合法的利益，能够公平地解决谈判各方的利益冲突，而且还要考虑到符合公众的利益。

第二，谈判的方式必须有效率。谈判的方式之所以应有助于提供谈判效率，是因为谈判达成协议的效率也应该是双方都追求的双赢的内容之一。效率高的谈判是双方都有更多的精力拓展商业机会，而不是无所谓的消耗时间。

第三，谈判应该可以改进或至少不会伤害谈判各方的关系。谈判的结果是要取得利益，然而，利益的取得却不能以破坏或伤害谈判各方的关系为代价。从发展的眼光看，商务上的合作关系会带来更多的商业机会。因而，切忌使谈判变成各方意愿的较量，容易伤及“脸面”，从而破坏谈判各方的续存关系。

四、谈判人员的组织与管理

农村招商引资谈判是有计划、有目标、有组织的经济活动，是市场营销策略的重要组成部分。要搞好招商谈判，无论是谈判前的筹划谈判方案、收集信息资料、做好各项准备工作，还是谈判中坚持原则、精心选择策略、灵活运用谈判技巧，都离不开精明能干的谈判人员。谈判往往不是一个人所能完成的，而需要由谈判小组进行。因此，要以一定的组织形式作保证，成立谈判小组，并做好谈判班子的配备、管理等方面的工作。

（一）招商谈判人员的个体素质

招商引资谈判是一种对思维要求较高的活动，是对谈判人员知识、智慧、勇气、耐力等的测验，是谈判人员间才能的较量。所谓素质，包括的范围较广，它不仅指谈判人员的文化、技术水平和业务能力，也包括谈判人员对国际、国内市场信息、有关商品知识、价格情况、法律知识、各国各民族的风土人情、风俗习惯等知识的掌握情况，还指谈判人员的道德情操、气质、性格特征。总的来说，招商引资谈判人员的个人素质主要是指谈判人员对于谈判有关的主、客观情况的了解程度和解决谈判中遇到问题的能力。

1. 谈判人员应具备的基本观念　忠于职守；平等互惠的观念；团队精神；注意减少暴露己方弱点的机会；增强己方谈判的整体力量；一致对外，积极主动。

2. 谈判人员的基本知识　一名招商引资谈判人员，应当具备“T”型知识结构，也就是说，不仅在横向方面有广博的知识面，而且在纵向方面要有较深的专业学问，两者构成一个“T”型知识结构。

(1)横向方面的基本知识　从横向方面来说，谈判人员应当具备的知识有以下几个方面：①有关我国对招商引资方针政策以及我国政府颁布的有关涉外法律和法规；②某些商品在国际、国内的生产状况和市场供求关系;③价格水平及其变化趋势的信息;④产品的技术要求和质量标准;⑤各地、各民族的风土人情和风俗习惯;⑥可能涉及的各种业务知识,包括金融尤其是外汇方面的知识和市场知识等。

(2)纵向方面的基本知识　从纵向方面来说,谈判人员应当具备的知识有以下几个方面:①丰富的商品知识,熟悉商品的性能、特点和用途;②了解某些商品的生产潜力或发展的可能性;③有丰富的谈判经验和应付谈判过程中出现的复杂情况的能力;④了解企业、公司的类型和不同情况;⑤懂得谈判心理学和行为科学。

以上各种知识构成了一个成熟的招商引资谈判人员所必须具备的条件,也是一名称职的谈判人员应具备的最起码的知识方面的素质要求。否则,无法应付复杂的谈判局面,承担谈判任务,更谈不上维护本企业和国家的利益。

3. 谈判人员应具备的能力和心理素质　一个高效率的、称职的招商引资谈判人员应具备一定的能力和良好的心理素质,这些能力和素质主要包括以下 4 个方面。

(1)敏捷清晰的思维推理能力和较强的自控能力　即使在谈判局势发生急剧变化,甚至在激烈的辩论争执中也能克服自身的心理障碍,控制自身的行为,以恰当的语言和价值来说服和影响对方。

(2)信息表达与传递的能力　谈判者在语言交流与沟通中要注意以下 3 个问题:①主动耐心地倾听并认可对方所表达的想法;②一定要让对方听明白你的表达;③交流的内容应该有针对性。

(3)坚强的毅力、百折不挠的精神及不达目的绝不罢休的自信心和决心　不管有什么样的困难和压力,都要显示出奋战到底的决心和勇气。即使是妥协求和,也要在经过力争后以强者的大度予以提出。

(4)敏锐的洞察力,高度的预见和应变能力　主持谈判的代表必须是能统率全局的人，要有长远的眼光，能运筹帷幄，善于针对谈判内容的轻重，对象的层次，事先决定“兵力”部署和方案设计，并随时做出必要的改变，以适应谈判场上形势的变化。

(二)招商引资谈判人员的管理

招商引资谈判内容复杂，涉及面广，往往不是一个人的知识、精力和时间所能承担胜任的，一般采用集体谈判的形式。谈判人员群体组成涉及2个方面的内容，即谈判队伍的规模、和赋予谈判人员法人或法人代表资格。

1. 根据谈判对象确定组织规模 谈判队伍的具体人数怎么确定，并没有统一的标准。一般商品买卖的谈判只需3～4个人就行了。如果谈判涉及项目多、内容较复杂，则可以分为若干项目小组进行谈判，适当增加谈判人员，但最多不超过8人。

2. 赋予谈判人员法人或法人代表资格 经济谈判是一种手段，目的是要达成协议，签订符合双方利益要求的合同或协议。整个谈判和协议签订过程，都是依据一定的法律程序进行的，所以谈判人员都应有法人或法人代表资格，拥有法人所具有的权利能力和行为能力，有权处理经济谈判活动中的一切事务。但作为法人或法人代表，只能行使其范围内的权利，如有越权行为，应由本人负全部责任。如谈判代表可以由作为法人代表的厂长、经理直接承担，也可委托本企业内熟悉某项业务的业务人员代理，还可以委托律师进行某些经济法律活动，但事先应有委托书，并注明代理人所负经济法律责任的内容、目的、要求和期限，也就是作为代表的法人身份证明书。

五、招商引资谈判准备与技巧

(一)招商谈判的准备

所谓招商谈判的准备就是指在思想上、物质上和组织上为谈判进行充分的准备工作。

1. 对外发布招商公告　可通过乡镇信息服务站发布，招商信息应真实、详细。

2. 准备谈判的必备资料　包括企业经营规模、经营能力、经营场地和设备、招商的项目、引厂进店的标准、谈判的价格目录等谈判必备资料。

3. 准备谈判的依据　明确谈判目标，包括最优期望目标、实际需求目标、可接受目标、最低目标等；规定谈判策略，包括了解谈判对象的状况，谈判的焦点、谈判可能出现的问题及对策；选定谈判方式；确定谈判期限。

4. 组成谈判小组　①挑选谈判小组的成员；②制定谈判计划；③确定谈判小组的领导人员。

5. 招商洽谈过程　招商洽谈需要一个过程，其基本程序是：开局、摸底、报价、磋商、达成协议和签约 6 个阶段。

(二)制订谈判方案

在招商引资谈判之前，必须对谈判所涉及的内容进行充分的调查研究，对谈判的环境因素进行认真的分析，对谈判各方的资信情况进行咨询审查，对谈判各方的实力进行正确估价，并在可能情况下，了解掌握谈判对手的谈判风格，在这些工作做好的基础上制订谈判方案。谈判方案的制订，必须明确以下几方面的内容：

1. 明确谈判目的　招商谈判的目的就是招商洽谈的主要目标，或招商洽谈的主题。在整个招商洽谈活动中，招商洽谈者的各项工作都要围绕招商洽谈的目的而开展。

在招商洽谈的目标确定以后，就需要确定招商洽谈的各个具体目标；在达到各个具体目标后，招商洽谈的主要目标即招商洽谈的目的即可实现。招商洽谈的目标可以分为 3 个等级，一级目标是最高等级的目标，如能达到这一级的目标，整个招商洽谈就圆满成功了；二级目标是基本达到接受的目标，如能达到这一级目标，整个招商洽谈可谓是基本成功；三级目标是最低接受目标，如能达到这一级的目标，整个招商洽谈算是达到了最基本的要求。因此，招商洽谈的目标就是在招商洽谈中所要追求的最佳利益目标。

此外，在确定了招商洽谈目标的同时，还要确定招商洽谈的地点。招商洽谈的地点对招商洽谈的成功与否有很大的影响，因此，在确定招商洽谈地点时要慎重，应考虑以下几方面的问题：谈判中各方力量的对比，可选择地点的多少和特色，各方的关系及可能发生的费用等等。

2. 制定谈判策略 制定招商洽谈的策略，其意义是选择能够达到或实现招商洽谈目的的基本途径及方法。招商洽谈策略的制定是基于对谈判各方实力、影响其实力的各因素的认真分析基础上的。招商洽谈的策略主要分以下 4 步。

第一步，调查了解合作方在招商洽谈中的目的，对方的各级目标，对方最终要达到的目标，对方可以做出的让步，为实现其目标对方最有利的条件，要实现其目标对方最不利的因素。如果我方能够正确地了解掌握这些信息，那么在整个招商洽谈中就能掌握谈判的主动权，就能有针对性地确定出我方的各级招商洽谈的目标，就可以很好地把握招商洽谈中的利益界限，让对方做出更大的让步，就可以扬我方之长，避我方之短，从而达到招商洽谈的最高利益目标。

第二步，在招商洽谈前，要确定我方最需争取的东西，是生产工艺流程？关键设备技术？产品配方还是技术资料等？此外，还需预测洽谈中将会遇到对方哪些阻碍？对方可能会提出哪些交换条件？

第三步，在准备好以上工作的基础上，制定相应的对策，也就是能否接受招商洽谈方所提出的交换条件。如不接受，如何摆脱对方在这方面的纠缠；如接受，是全部接受还是部分接受；如是部分接受，又如何满足对方的条件？

第四步，对招商洽谈方可能提出的各种要求和问题应有所准备，这样就可避免仓促应战局面的出现。

3. 明确谈判程序　谈判程序也称谈判议程，通常是指所谈事项的先后次序及主要方法。谈判程序确定得好，招商洽谈的效率就高；谈判程序确定得不科学，就会影响招商洽谈的效率。

具体的谈判程序，应根据不同招商洽谈的情况来确定。但一般有以下几种情况：第一种是先易后难。这种程序的确定主要考虑到为整个招商洽谈创造一个良好的气氛，先将容易谈妥的事项确定下来，可以为谈较困难的问题打下基础。第二种是先难后易。这种程序的确定主要是为了突出招商洽谈的重点和难点，先集中谈判各方的精力和时间将重点和难点谈清楚，剩余的问题也就容易取得共识，易于得到解决。第三种是混合型，即不分主次，把所有的问题都排列出来以供讨论，经过一段时间后，把各种要讨论的意见归纳起来，将已经明确统一的意见放开，再就尚未解决的问题加以讨论，以求最终得到解决。

在确定谈判程序时，还应注意以下2个方面：①程序的相互性。也就是说在确定程序时既要符合我方的需要，也要兼顾招商洽谈对方的需要。②程序的简洁性。如果在一次谈判中，安排过多的谈判事项，将会造成谈判人员的思想负担。通常来说，一般的谈判程序应包括以下3方面的内容。第一，谈判何时举行？时间要多久？如果是一系列的谈判，应分几次举行？各次谈判所花时间多久？休会时间多长？第二，谈判在什么地点举行？第三，谈判应讨论哪些事项？谈判不应讨论哪些事项？已列入的讨论事项应怎样确定先后顺序？对每个事项的讨论应各占用多少时间？

4. 谈判现场的布置与安排　谈判现场的布置与安排主要有两方面的工作要做：一方面是谈判室的选择与布置，招商洽谈室通常要安排一间主要谈判室和一间准备谈判室，如条件允许还可以准备一间休息室。另一方面是谈判座位的安排。

(三)谈判的技巧

1. 创造良好气氛的技巧 谈判的成功,很大程度上取决于谈判的气氛。创造友好、亲切、诚恳、互相信任的气氛,是谈判成功的第一步。

(1)要选择好地点,营造轻松的环境 可以到对方,也可以选择己方,还可以选择第三方,但双方都能接受。

(2)在会谈前要注意沟通感情 一般在正式会谈前双方都有多次接触了,对一些问题也单独交换过意见,但正式会谈是对问题的公开化,结论化,因此会前的沟通对于达成共识有许多帮助。

(3)主谈的一方要尊重对方 谈的过程中要把握要点,引入感情色彩,营造一种友好、和谐、轻松的气氛。

(4)要注意察言观色 特别要注意对方的举动,因为谈判人员的举手投足,都是内心状况的外露,成熟的谈判者是不会让对手轻易地逃过自己的眼睛和耳朵的。

2. 讨价还价的策略 投资项目的谈判主要涉及选址、地价、税收优惠、行政服务性收费的优惠、生产要素的对接(水、电、气、道路)、税收产生的起点等一些具体实际问题,这些问题参与谈判者很难做出回答,也不能表态,只能把这些问题带回来向领导报告,在领导参加谈判时回复投资商。在目前招商竞争十分激烈和残酷的情况下,给予投资者更多的优惠是大势所趋,也是吸引投资者的主要途径之一,我们平时听到过许多地方所谓“零地价”,只要你来,一切好商量等。因此,在当前状态下,这方面讨价还价的余地很小,因此主要是税收返还比例,有关生产成本优惠的幅度,有关行政事业性收费标准等的谈判。有关政策投资者也十分清楚,因此讨价还价的余地不大,但从谈判角度说,还是有策略的。

需要强调的是,我们要站在长远看目前,目前的优惠将给落户地带来长期的利益,政府主要靠税收,税收优惠虽然对增加政府财政收入产生影响,但要从企业解决的劳动力带来的间接税收上看未来，同样能帮助政府产生更多的税收，还能带动当地的其他产业、行业的发展。

这里有一个例子：省昌乐县近几年狠抓招商引资，扩大农民就业，并且坚持把招商引资发展第二、第三产业作为转移农村劳动力、扩大就业的主要途径。大力实施全民招商战略，将招商任务、指标层层分解落实到各个部门和广大干部；不断拓宽招商领域，创新招商方式，取得了明显成绩。去年全县共引进各类项目1500个，到位资金18亿元，其中过亿元项目6个。项目全部投产后，可吸纳劳动力3万余人。昌乐县每年初中不能升学的毕业生和高中不能升入大学的毕业生共计9000余人，通过招商引资，每年可以吸纳劳动力1万余人，全县新增劳动力基本能够得到有效吸纳。

3. 谈判的基本技巧

(1)给自己留有余地　提出比自己预期目标更高一些的要求，这样就等于给自己妥协时留下了一些余地。目标定得高，收获便可能多些。

(2)装点小气　让步要缓，而且还要显得很勉强，争取用最小的让步换取对自己最有利的协议。

(3)不要以“大权在握”的口吻去谈判　而要经常说：“如果我能做主的话……”要告诉对方，自己还不能做最后决定，或说自己的最后决定权有限。这样，就更有回旋的余地，使自己有推后思考的时间和摸清对方底牌的时间。

(4)不要轻易地亮出底牌　要使对方对自己的动机、权限以及最后期限知道得越少越好，而自己在这方面对对方的情况知道得越多越好。

(5)运用竞争的力量　即使对方认为他对项目具有独到的优势，也不妨告诉对方还有其他的投资者在考察、研究该项目，要显得自己还可以选择更多的投资者。

(6)伺机喊“暂停”　如果谈判陷入僵局，不妨喊“暂停”，告诉对方，自己要向领导汇报或找专家磋商，这就既可以使对方有时间重新考虑其立场，又可以使自己研究对策，或者以小的让步重新回到谈判桌。

(7)不要急于求成　除非自己准备工作十分充分，或者自己握有百分之百的主动权，否则也不能不加思索亮出自己的底牌。

(8)改变方法，出其不意　有时要突然改变方法、论点或步骤，使对方措手不及，如改变说话的声调、语气、表情乃至生气等，都可以迫使对方改变立场和态度。

(9)盛气凌人　有时可以大胆地威逼对方，看对方如何反应。这一手有一定的冒险性，但有时很生效，可以迫使对方接受修改或重回谈判桌。

(10)间接求助战略　可以说：我真的欢迎你来投资，可惜我们没有能力负担，这样可以满足对方自负的心理，因而让步。

(11)有耐性、韧性　不要期望对方立即接受自己的新构思。坚持、忍耐，对方或许最终会接纳意见。

(12)不要逼得对方走投无路　要给人留点余地，顾及对方的面子和利益，成功的谈判是使双方都有好处，双方都愉快地离开谈判桌。谈判的原则是：没有哪一方是失败者，要使每一方都是胜利者。

第三节　招商引资应用文的书写及其格式

一、招商引资宣传材料的编写原则

招商引资宣传材料，有印刷宣传品、幻灯片、录像带和光盘等不同种类，但是，不管哪种类型的招商引资宣传材料，它们的共同目的都是要向投资者介绍本地、本单位招商引资的相关信息。这一共同的目的，决定了在招商引资宣传材料具体编写运笔过程中，必须遵守“三要”、“三不要”原则。

(一)“三要”原则

1. 要“真”　真实是招商引资宣传材料的生命。虽然招商引资的工作人员可以对相关信息进行提炼、加工、整理，但必须实事求是，才能体现本地区、本单位求真务实的形象，才能赢得投资者的信赖，从而达到招商引资的目的。

2. 要“准”　不但内容要真实，还要准确。这就要求招商引资宣传材料把真实、准确的信息传达给投资者，绝不能有半点差错。投资者去一个地区、一个单位考察时，常以招商引资宣传材料为依据，细致地研究以后，在实地考察时针对宣传材料进行对照分析，从而形成投资意向，做出投资决策。因此，招商引资宣传材料必须准确无误。

3. 要“新”　编写招商引资宣传材料，要选择本地区最新信息，反映本单位最新发展动态。它所提到的政策法规，一定要选用我国或本地区(省、自治区、直辖市)最新颁布的，而且要注明颁布时间。此外，对于本地区的有关收费，如水、电、土地出让等收费标准也要以当地政府最新规定为准。一旦所提供的信息是过时的资料，投资者发现后，投资的信心无疑会大为降低。

(二)“三不要”原则

1. 不要报流水账　编写宣传材料时，对原始数据要有选择、提炼、加工、整理，突出重点，切忌面面俱到，不分主次，要全面地反映本地区、本单位的投资环境特点，但不能报流水账。如将宣传材料制成光盘，虽然信息量大，但也要突出重点，讲究条理，给投资者清晰的印象。

2. 不要以偏概全　宣传材料既要突出重点，又要防止以偏概全。为此，编写者必须从本地区农村农业的全局角度出发，选用资料要抓大放小；要替投资者设身处地着想，选择投资者最关心的、最感兴趣的内容；要在对资料全面掌握、理解、消化的基础上，做一番概括、总结和浓缩的工作，这样编写出来的资料既突出重点，又不以偏概全。

3. 不要与国家的政策、法规相抵触 招商引资工作必须遵循国家的政策、法规，投资者也必须遵守国家的政策、法规。因此，招商引资宣传材料绝对不能与国家的政策、法规相抵触，同时要真实、准确地向投资者宣传国家相关的政策、法规。这就要求编写者全面熟悉、了解与正确理解国家的政策、法规，在宣传资料中准确地表达、反映、宣传国家的政策、法规。

二、投资手册的编写

投资手册是招商引资过程中很重要的一个应用文体。它是为了给投资商一个比较完整的当地有关投资环境的印象而编制的，一般由下列几个部分组成：

（一）当地简况

1. 地理位置 主要指招商引资单位所处的区域位置。

2. 面积和人口 主要说明当地占地面积和人口数量。

3. 经济状况 主要是介绍当地 GDP 指标情况，当地居民消费价格总水平，包括商品零售物价指标和居民消费价格指标等。

4. 上年主要经济指标情况 主要介绍当地国内生产总值年增长率、固定资产投资总额、实际招商引资和主要工业、农产品数量等。

5. 自然概况 主要介绍经纬度、气候、无霜期天数、年日照时间、年降水量、地势状况，其中包括平原、丘陵、山区、水面、平均海拔、海岸线或江岸线等。

6. 交通 主要介绍当地的交通主干线如公路运输、高速公路、主要国道、省道线等，空运机场距离、铁路的主要停靠站，海运和河运距离、停靠船只吨位等。

(二)投资环境

1. 总体发展规划　主要介绍发展目标、发展总体趋势。

2. 独特的优势　主要介绍地理位置和交通区域优势、政府的优质高效服务、人力资源和良好的生活环境、治安状况、资源状况和宾馆、娱乐、餐饮、运动及体育场所方面等。

3. 土地资源　最高出让年限、土地出让价格和有关费用、土地转让的规定、土地登记费等。

4. 建造厂房　道路承重、桥梁承重、土地承重、建筑密度等要求，绿化率、建筑物之间和建筑物到厂区边界的距离，室内地面、层高、地下室的限制、容积率等，还有建筑厂房的材料成本等。

5. 基础设施　道路、供电、供水、排水、供热、供气、排污等情况。

(三)人力资源　人口情况及其分布；劳动力情况，主要包括劳动力供给、就业、劳动力文化素质、培训、新增专业人才情况等；高等院校、中专、中技等院校和在校人数及专业设置；录用和劳动管理；工资和福利，包括工资组成，各项福利和保险、养老金、失业金、医疗保险、住房公积金等构成及比例，工作时间和加班。

(四)交通运输

1. 国内运输　国际运输和货物承运方面简介。

2. 公路运输　主要公路线、公路运输的各种费用，短距离附加费、集装箱运费。

3. 铁路运输　主要铁路线、铁路运输的各种费用。

4. 航空运输　主要机场，来往于世界各国航班，短途运输时间及费用。

5. 海洋运输　主要港口，集装箱运输费用。

6. 内河运输　主要河道，内河运输费用、放空费、运费计算、运输保险。

(五)税收及优惠政策

介绍本地外商投资企业和外国企业所得税、增值税、营业税、消费税、城市房地产税、土地增值税、契税、印花税、车辆使用牌照税、关税等。其他优惠税收政策,如再投资退税、汇出所纳税免缴、减征预提所得税、高新技术产业化项目减免税优惠等。

(六)金　融

主要包括:银行账户,一般分为人民币账户和外汇账户,其中外汇账户分为专业账户(外汇资本金账户、外汇贷款账户)、结算账户;当地主要银行介绍;外汇管理相关业务。

(七)基础设施

1. 供电　供应情况、费用(包括增容费和工程费)、工业用电价格、居民用电价格。

2. 供水　供水情况、工业和居民用水价格、水质检验指标。

3. 供气　管道天然气或管道石油液化气供应情况。

4. 供汽　集中供汽(热)情况。

5. 通讯　电话线路、移动电话、国际直拨电话、宽带网服务等。

6. 环保管理　工业"三废"排放标准和噪音排放标准、污水处理情况、有毒物质的处理。

三、可行性研究报告的编写

项目可行性研究报告,一般应按以下结构和内容编写。

(一)总　论

项目提出的背景,项目概况,问题和建议。

(二)市场预测

市场现状调查,产品供求预测,价格预测,竞争力预测,市场风险分析。

(三)资源条件评价

资源可利用量,资源品质情况,资源储存条件,资源开发价值。

(四)建设规模与产品方案

建设规模与产品方案构成,建筑规模与产品方案的比选,推荐的建设规模与产品方案,技术改造项目与原有设施利用情况。

(五)厂址选择

厂址现状,厂址方案精选,推荐的厂址方案,技术改造项目现有厂址的利用情况。

(六)技术方案、设备方案和工程方案

技术方案选择,主要设备方案选择,工程方案选择,技术改造项目发展前后的比较。

(七)原材料燃料供应

主要原材料供应方案,燃料供应方案。

(八)运输与公用辅助工程

运输方案,公用工程和辅助工程方案,技术改造项目现有公用辅助设施利用情况。

(九)节能措施

节能措施,耗能指标分析。

(十)节水措施

节水措施,水耗指标分析。

(十一)环境影响评价

环境条件调查,影响环境因素分析,环境保护措施。

(十二)劳动安全卫生与消防

危险因素和危害程度分析,安全防范措施,卫生保健措施,消防设施。

(十三)组织结构和人力资源配置

组织机构设置及其适应性分析,人力资源配置,员工培训。

(十四)项目实施进度

建设工期,实施进度安排,技术改造项目建设与生产的衔接。

(十五)投资估算

建设投资估算,流动资金估算,投资估算表。

(十六)融资方案

融资组织形式,资本金筹措,债务资金筹措,融资方案分析。

(十七)财务评价

财务评价基础数据与参数选取,销售收入与成本费用估算,财务评价报表,盈利能力分析,偿债能力分析,不确定性分析,财务评价结论。

(十八)社会评价

项目对社会影响分析,项目与所在地互适性分析,社会风险分析,社会评价结论。

(十九)风险分析

项目主要风险识别,风险程度分析,防范风险对策。

(二十)研究结论和建议

推荐方案总体描述,推荐方案优缺点描述,主要对比方案,结论和建议。

四、招商引资项目说明书的编写

目前,国内的一些企业、地区招商引资项目说明书的表述过于模式化,千篇一律。招商引资首先是让项目吸引人,要让投资者看到投资前景,认识到有个良好的投资环境,特别是对项目风险的论证。这也就是说一定要站在投资方的角度去编写项目说明书。还有特色项目也是被忽略的地方,很多很有特色的项目在项目说明书中并没有将特色反映出来,于是作为突出的“投资额”和“回收期”就在投资方眼中变得生硬了。

第一要吸引对方注意力,第二要以双方合作的成功为出发点。

如果你的方案引起了对方的重视，即使初次接触没有立刻见效，在以后的接触中同样有可能达到目的。主要注意以下几点。

一是项目说明书强调亮点和特色，请专业人士协助撰写更好，不要模式化。

二是项目说明书要有强烈的市场意识和投资回报的依据，要有说服力。

三是不要笼统地表述投资环境，最好是针对项目本身进行投资环境的论述。

四是可以提出一些意向性内容，比如企业的二次开发、技术的升级、市场的前景、品牌的使用、工业设计等，还可以无形资产及知识产权作为项目的交易。

五是一些希望出口的商品，如原材料、资源、土特产、日用品等。企业除直截了当地寻求海外市场和海外客商外，还可委托代理企业提供专业性服务并提供符合国际标准的产品说明书。

第六章 农村农业和企业领域的招商引资

第一节 农村如何做好招商引资

“无农不稳，无工不富”已成为社会共识。招商引资无论在经济发达地区，还是在经济贫困地区都是经济工作中的一项重要任务，是促进经济发展的重要突破口和重大着力点。做好农村招商引资工作，引进外地资本、技术和先进管理理念与经验发展农业，无疑是加快农业经济持续健康发展的一项战略措施。

农村在大力发展招商引资，实施工业突破的同时，更应该多做农业的文章。因地制宜地发展种植业、养殖业和农副产品加工业，并努力打好“绿色品牌”、“精靓品牌”，从而拓宽销路，保证农副产品“嫁”得出去，无疑是强农固本，实现农村普遍致富的基本途径。因此，在本地还缺乏资金、技术和农产品没有打开销路的情况下，切不可盲目照搬他人模式。一定要统筹兼顾，工农业双管齐下，实现以农促工、以工养农的最佳招商引资方案。做好农村招商引资有以下几个具体建议。

一、提高认识、加强领导，营造良好招商引资氛围

在市场经济条件下，招商引资主要是企业的行为。现阶段我国市场经济尚不完善，尤其是经济欠发达地区招商引资中介机构还不发达，在有关部门、企业、广大群众自觉行动的情况下，政府和农业部门出面，加强对农业领域招商引资工作的领导，进行强势的行政推动显得非常重要。因此，各级党委、政府及农业部门要提高认识，充分认识到加强招商引资工作不仅带来资金和先进的农业

推广技术，也会带来新的理念、新的思维。要破除“小打小闹、小成即满”的观念和左顾右盼、等待观望、怕担风险的保守思想，树立干大事业、求大发展的雄心壮志，树立敢闯、敢冒险、敢为天下先的创新精神，增强招商引资的责任感、紧迫感和使命感，树立抓招商引资就是抓发展、抓机遇、抓服务的观念，高度重视，切实加强对招商引资工作的领导，针对招商引资建立奖惩激励机制、服务管理机制、信息联络机制和督查落实机制，调动各级各部门和社会各界招商引资的积极性，用活、用足、用好优惠政策，不断优化投资环境，拓展招商引资的合作空间，不断建立扩充潜在的投资客户库。

同时，要加大宣传力度，通过宣传，对内统一认识，凝聚力量，坚定农业行业内广大干部群众搞好招商引资的信心，形成人人想招商、人人支持招商的社会氛围。对外通过扩大资源优势，招商重点项目和优惠政策的宣传力度，提升知名度，树立“重商、亲商、安商、富商”的良好氛围。全力打造好优势引商、诚信留商、服务招商的投资环境，真正营造“你发财，我发展”的轰动效应。但强势的行政推动应做到政府推动与市场引导相结合，并且要循序渐进，切忌揠苗助长，一蹴而就是招不来也留不住投资者的。

二、筛选和包装好项目，提高农业项目招商的对接率

没有项目，就不会有投资；没有大项目，就没有大发展。一个市场前景广阔、利润丰厚、投资回报率高的好项目、大项目是吸引投资者选择投资的重要依据。因此，招商引资工作要有成效，筛选和包装好项目是前提。要突出特色种、养殖资源、市场需求量大的农产品加工产业，以资源加工配套产业等项目为重点，把一批符合国家的产业政策、投资回报率高、地区资源特色突出且符合投资者的投资意向的项目筛选出来，并搞好项目的调研、论证、立项等科学包装工作，建立招商引资项目库，形成招商引资的项目筛选，储

存一批、包装一批、招商一批的良性运行的项目流程。不能因顾及暂时利益得失，把前景不明、粗制滥造的项目拿出去寻求合作。

在筛选包装项目时一定要注意4个问题，切实增强项目的可操作性，提高招商的成功率：一是要注意借鉴外地的先进包装经验，对发展前景看好的特色资源型和资源两头延伸的配套项目进行重点包装推介，做到“靓女先嫁”。二是要注意项目载体及实力的匹配，对于资源量大，市场潜力大但缺乏载体或母体实力单薄的项目，要加强协调，疏通环节，吸引资金、技术、管理、人才优势明显，实力雄厚的企业担当实施载体，确保引进1个，成功1个。三是要注重从项目基础、配套环境、扶持政策、市场前景、投资回报等方面搞好项目论证的基础上，在项目包装中善于抓亮点、炒热点。要有换位思考的观念，从投资者的角度论证可行性，让投资者感到确实有利可图。坚决纠正包装设计过程中项目可大可小的不务实倾向，变机械性加大为科学性放大，杜绝招商项目包装中的“假、大、空”现象。四是项目资料要精雕细琢，对项目的技术含量、市场分析、效益预测等主要内容要说透彻、说全面、说准确，文字表述要准确、全面、具体、流畅，富有表现力和感染力，做到项目内在美与外在美的和谐统一。

例如，黑龙江双河镇通过加快项目开发，大力实施项目引联工程，有效增强了牵动力，使资源发挥潜力，提升区域经济竞争实力，进一步扩大了经济总量，盘活了存量资产，增加了科技含量，全面提高创税水平。就双河镇来说，该镇有多年的水稻种植历史，有独具特色的资源优势和技术优势，开发水稻产业得天独厚。因此，镇党委、镇政府成功引进北大荒集团来双河安家落户，共同开发稻米产业，使该镇的稻米产业链条逐渐延伸，依托资源打造绿色米业品牌。截至现在，从事稻米加工的企业就有20多家，从业人员达200多人，稻米产业越做越大。年创利税900万元以上。2009年上半年又引进投资850万元的糯米加工项目，10月份可试生产，为双河调整品种，加大开发力度创造了先决条件。依托资源，借力生财，互惠互利，诚心招商是双河镇加大米业黄金链条的成功作法。

三、创新招商方式和手段，拓宽招商空间

市场经济是开放型经济，任何产业如果没有外来资本、外来技术、先进理念的渗入，可持续发展就可能落后于人。因而无论当前和今后，招商引资始终是各级、各有关经济部门工作的重点。创新招商方式和手段，实现差异化的招商引资始终是人们关注的热点。

河南省光山县首家农村土地信用社将土地化零为整，为农业招商引资创造了条件。该县江湾土地信用社的成立，是江湾村推进土地流转制度改革的又一尝试，它使农民土地经营权的转让愿望与投资者的用地需求有机结合起来，可促进土地规范流转，实现土地规模经营和有效开发利用。土地等要素资源的相对集中，为农业招商引资创造了条件。同时，兴办土地信用社后，江湾村能更有效地进行村庄整治，土地复垦，能集中精力按照规划打造一个生态休闲、和谐的江湾；同时，农村信用联社对存方、贷方、合作社三方进行贷款扶持，促进农民入社积极性，进一步加快了土地流转步伐。

目前，农村招商方式主要有以节招商、代理招商、组团招商、上门招商、网络招商、媒体招商、以商招商等形式。但无论哪种招商方式，都要遵循在市场经济条件下，生产要素的特性是追求利益最大化，它是从成本高的地方流向成本低的地方，从门槛高的地方流向门槛低的地方，从不赚钱的地方流向赚钱的地方这一独特流向规律。要充分研究掌握国内外资本动向、产业布局、产业转移趋势和投资方式，围绕重点项目、重点客商、重点招商区域，突出多样性、针对性、实效性，采取主阵地招商与分层次招商相结合，走出去招商与请进来招商相结合，网上招商与传统方式招商相结合，直接

招商与间接招商相结合，自己组团招商与随团招商相结合等措施。从 3 个方面创新招商项目推荐策略和方法，拓宽招商空间：一是要加强与上层机关、大集团、大公司及行业协会的联系，让他们帮助牵线搭桥，寻找客商，发挥资源招商、以商招商、产业招商、委托招商的作用，提高项目的针对性；二是要实行“借台唱戏、搭台唱戏、企业招商、小团组招商、专业化招商、民间招商、代理招商”等方式多渠道、多形式进行招商的同时，要突出招商小分队的招商功能发挥，善于跑项目、敢于盯项目，灵活利用战术技巧以实现成功招商；三是要招商与安商相结合。既要注重招商，并对签订过的意向和协议，要确定专人负责，及时掌握客商动态，为客商提供全方位、专业化的服务，同时还要做好“安商、留商”的工作。只有招商、安商两手抓，做到以商引商，招商引资的路才会越走越宽，招商引资成功率才会高，效果才会更好。

四、加强招商引资队伍建设

招商引资是一项政策性、实践性、专业性很强的经济活动，是引进资金、信息、技术、管理的过程，而“引”的关键又在人。差别竞争首先体现在人才的差异，招商人员政策水平、理论修养、专业知识、言谈举止都直接影响到外商的抉择和项目的成败。但招商人员不稳，素质不高，招商能力不强，是目前影响农业农村招商成效的重要原因之一。因此，要重视招商队伍的建设，要用优厚的待遇营造鲜明的导向，吸引和稳定优秀的人才到招商引资第一线工作。并通过举办相关业务培训，送出去挂职锻炼等方式，多渠道和培养一批行业内熟悉上情、下情、外情，懂外语、懂经济、懂法律、善公关的招商人才。

总之，当前农村经济发展的动力在于投资，投资的规模决定着发展的速度，投资水平的差距决定着区域经济发展的差距。要加快农业农村经济的发展，必须大力实施“走出去”和“引进来”的开放战略，下大决心，花大气力，拿出最有效的措施，切实把招商引资工作抓好抓实抓出成效，推动农业农村招商引资工作不断实现新突破。

第二节　农村农业领域的招商引资

一、农业领域面临的招商引资形势

我国是农业大国。改革开放以来，我国农业取得了快速发展，但农业招商引资相对较晚，利用国内外资金是以引进国际组织和政府间无偿或优惠贷款、援助等方式起步的，国内外商家直接投资近年才有所发展。农业领域招商引资主要集中在食品加工、果蔬栽培、畜牧养殖等工业及农产品深加工方面。目前，整体招商引资总体水平不高，且主要以农业产品初级加工为主，科技含量低。

加入 WTO 后，在客观上促进了我国农业现代化、市场化和国际化的进程，带动农业结构的调整和相关技术的提升，但同时随着我国市场准入、关税减让和降低配额、完全取消农产品出口补贴、允许外国的农业服务企业进入、动植物检疫标准国际化等有关承诺的相继落实，我国农业必然要面临巨大的国际竞争压力。因此，有必要通过扩大吸收国内外资金到农村，利用招商引资加强我国农村农业基础设施建设，利用发达国家在农业育种、种植、加工、仓储、物流等方面的先进技术和营销经验，改进和提升我国农产品在世界贸易中的竞争地位，促进我国农业的优化升级和结构调整；利用国内科研院所及高新企业的先进技术及已经积累起来的资金发展我国农村经济。

我国农业吸纳国内外投资具有广阔的发展潜力，特别是在种植业和养殖业开发领域，以及农产品加工方面。随着我国农产品仓储、运输、销售等流通环节对外开放的进一步扩大，外商投资农产品加工领域更趋宽泛。

二、农业领域招商引资的几项重点工作

第一，继续加大对农业基础设施和农业科技的投入，加强国家对农业产业化和现代化的引导，努力提高农业的科技创新能力。大力发展农业产业化经营，加大对各种所有制形式的农业企业（包括加工、流通、进出口企业）的扶持力度，建立国际农产品信息发布机制，积极推进农业合作，大力发展特色农业、生态农业、精致农业和节水节能高效农业，提高农业生产率和农业生产者的素质，增强同外商竞争合作的能力，为吸收外资创造良好的基础条件和外部环境。

第二，加快农业领域的立法工作，对国内外商家投资农业领域加以有效引导和监督。针对我国加入 WTO 后农业开放特别是农业服务领域开放的承诺，我们要积极组织有关专家学者加快对相关领域的调研工作，充分借鉴国外农业利用外资的经验，结合当前世界农业发展趋势以及我国农业发展的国情特点，加快出台既能应对 WTO 规则又能有效保护自主农业的法律法规，对商家投资农业服务领域予以有效引导和监督管理。

第三，农业领域吸收的资金要做到间接投资和直接投资并重。农业生产受自然条件影响较大，不确定因素多，且规模化的农业生产投资大、周期长，客观上制约了私人机构及私人企业的投资热情，而世界银行等国际金融组织提供的农业贷款，一直是发展中国家农业融资的主要渠道，这就要求政府机构要继续加大工作力度，积极利用国外无息和低息农业贷款，加大对我国农业生态环境和农业基础设施的投入；同时结合我国当前经济发展特点和国际资本流动趋势，加快落实好已有农村农业领域的各项优惠政策，适当调整农产品生产、加工、流通、营销等环节税费改革，加大对投资商在税收、用地、融资等方面的鼓励和优惠措施，进一步扩大农业招

商引资的幅度和范围，继续下放审批权限，简化审批程序，真正做到有效体现国家鼓励商家投资农业的政策倾斜。

第四，深化我国农业管理和农产品流通体制改革，打破农产品在地区和行业上的封锁限制，尽快形成开放、统一、竞争有序的市场体系，加快建立宽松的贸易环境，有利于扩大出口和地区间的商业往来。对农业生产、加工和流通领域的国内企业和外企一视同仁，在给外商同等待遇的基础上，进一步放宽对外商投资农产品加工外销的外贸经营权，为外商投资农业创造更为便捷、高效的市场环境和流通配套服务体系。

第五，积极引导商家建立农产品质量标准检测科研服务机构，加快制定我国农产品的各种质量安全标准。目前，我国农产品遭遇国际市场中“绿色标准”而造成出口受挫的案例日益增多，这突出反映了我国农产品在应对国际技术标准中的经验不足以及产品质量差距，而从事农产品加工和销售的外商，特别是大型跨国公司，大都谙熟国际及本国国内农产品质量安全要求及检验检测程序和标准，因此，通过大力引进国内外资金投资农产品加工领域，必然同时引进符合国际及有关国家和地区农产品质量标准的加工、生产和流通体系，引进农产品生产过程和生产环境的监控操作程序，特别是要大力引进对畜禽疫病防疫技术和化肥农药及饲料中有害残留的监测控制技术，带动我国农产品生产、加工和流通的标准检验检测体系与国际标准接轨，使我国农产品中农药残留、重金属残留、激素及抗生素含量达到国际通用“绿色标准”，推动我国农产品出口。

第六，结合不同国家和地区投资商投资我国农业的特点，区别对待外商投资方向差异。例如，针对日本和韩国，由于其国内市场高度发达，生产成本较高，而我国相对具有距这些国家国内市场近，劳动力成本低等优势，积极引导这两个国家投资我国农产品加工业，如蔬菜生产加工和果汁加工项目，将我国作为其农产品加工的基地。对于欧洲和美国等发达国家，针对他们投资中国主要是看好中国潜在的、巨大的消费市场的特点，积极引导英美等国的投资者在我国投资先进技术型农业项目，如乳品加工项目等，以此带动我国相关农业生产和农产品加工技术水平的提高。可以预见，随着我国农业领域结构调整的继续深化和对外开放程度的进一步扩大，利用外资的政策也将更趋于合理规范，我国农业吸收外资的规模将有明显提高，在效益上也将有显著改善。

三、各地农业招商引资工作的基本经验和做法

（一）坚持产业融合，积极引进“三种资本”

我国农业正处在由传统农业向现代农业转型的阶段，农业的发展由过去主要受资源特别是自然资源的制约，开始向资源和市场双重制约的局面转变。而当前的资源制约主要集中于劳动力、土地和资本3方面，这其中最重要的是资本要素。农业资本主要来自4种渠道：一是政府的财政投资；二是农村集体和个人投资；三是信贷投资；四是民间资本、工商资本、外商资本。对这几方面的投资，有关分析研究表明，我国财政支农占整个财政支出的比例持续下降。由于农业效益比较低，农村集体和个人投资农业的比重也呈下降趋势，而信贷资金这几年更是不足。农村信用社和农业银行实行商业化运作，而且规定贷款终身负责制，强调资金回报，因此轻易不愿承担经营风险。而农业需要大量投资，这就为民间、工商、外商3种资本进入农村和农业提供了广阔的空间。

开展农业招商引资工作就是要积极引进这3种资本，其好处有：一是有利于农业结构的调整和农业产业的提升。二是有利于建立和培育农业龙头企业，带动农民增收。三是有利于促进农业企业的发展，促进农村劳动力的转移。四是有利于地方税收收入的增加。农业招商引资工作的推进，农业市场主体得到培育，必将增加地方财税收入。

(二)坚持“三个并举”,提高招商引资成功率

农业领域的招商引资工作是一个系统工程,不能只强调某一个方面,而忽视另一个方面。正确的做法是应当坚持主要要素并举的方法,齐头并进,相互作用,协调进行。因为招商引资活动是一项多边的商业行为,不确定因素多,且处于动态之中。只有各种要素相互协调,实行手段上的多项并举,才能提高招商引资的成功率。三个并举是指:一是坚持对外招商和对内招商并举;二是坚持引资与引智(技术)、引渠(销售)并举,不断提高农业的技术含量,不断拓展外部市场;三是坚持创造优良的投资环境与出台相应的优惠政策、提供优质服务并举。

(三)以人为本,招商招心

招商引资与其他工作一样,必须坚持以人为本的招商理念。这里的以人为本,主要是指投资者。以人为本,实际上从某个意义上就是以商为本。这种“本”就是要招其人,攻其心,而本的外化形式就是以诚招商,以心引资,人的情感调动起来了,投资才有热情、激情。这也叫做以情引情,以情招商,以心引资。

(四)坚持招商的“四度”,提升品位强农

做任何一件事情,都必须讲究一个“度”,这是因为度量不够,容易半途而废。度不仅是量的概念,而且也是质的概念。招商引资工作也存在一个“度”的问题,比如深度、强度、力度等。缺乏应有的“度”,招商引资工作就可能出现“一般化”现象,或招而不来,引而不进。因此,招商引资工作必须人为地施以“度”,以推进招商引资工作的顺利开展。

江苏省吴江市在招商引资工作中坚持“四度”,不断提升品位强农,取得了明显成效。他们一是拓展思路创新深度,转变观念,强化宣传,破除各种陈腐观念;二是注意项目选择的精度,大胆引进新、高、深品种和项目,促进传统农业向现代农业转变;三是加大组织领导的强度。纳入领导工作的议事日程,统筹安排,精心指导。四是增强政策扶持力度，在税收、用地、资金、收费政策等方面给予优惠和倾斜。

（五）水库靠招商多业并举，水库以院（科研院所）企联姻搞养殖

招商引资工作对于不同的经济领域都是普遍适用的，这一点毋庸置疑。例如：作为水库经济如何招商引资以求发展，必须针对自身的实际和特点，运用灵活的招商引资方法和手段，才能更有成效。

江西省黄县观音山水库是一座以发电为主，兼顾养殖、防洪、旅游等综合效益的中型水库。近几年来，这个水库本着“看好路，走稳步，年年有进步”的原则，明确“一业为主，多业并举”的企业发展思路，积极借鉴先进企业的管理经验，把定性管理转为定量管理，使岗位价值化，最大限度地激活职工的创造热情。走出了“种、养、加一条龙，贸、工、农一体化”的集约化经营之路。他们的做法是：一是充分利用水能，提高发电效益。二是转机建制，实行多业并举。三是院企联姻养殖，走科技兴库之路。四是发展水利旅游，不忘水库特色。

（六）以资源换资金，盘活特色产业

招商引资，用什么招，用什么引，其载体和手段多种多样，但最常见的则是以资源尤其是特色资源优势换资金者居多，因为资源优势并不等同于经济优势，必须经过一定的转化过程，才能使其成为资本。各地都有自己的优势产业或优势资源，但舍不得拿出来向投资商提供，会不会向投资商商提供，能不能取得好的预期收益，是有文章可做的。

湖北省嘉鱼县水产业历史悠久，曾被评为全国百强和全省十强水产县（市）。近几年来，该县立足水产优势，加大结构调整力度，借力开发名优水产品，主攻螃蟹，收到了明显成效，被湖北省水产办授予“湖北螃蟹之乡”的美誉。2002 年，全县螃蟹养殖面积达到11200公顷,产量1500吨,产值突破1个亿。螃蟹成为强县富民的支柱产业,而这主要得益于招商引资。其主要做法是:一是敞开湖域,放活水面。他们立足资源,发挥优势,选准发展项目。二是以资源换资金,以让利求发展。他们在切实保护投资者的利益,以优惠的价格出让水面,以灵活的经营方式开发水面,让投资者有钱可赚,有利可图,达到以商招商的目的。三是软硬环境一起抓,构建发展新平台。嘉鱼县坚持软硬条件一起抓,为螃蟹产业的快速发展壮大,构建平台,提供保障。

(七)招商引资借外力,开发治理小流域

开发治理小流域是发展农业经济的重要组成部分,也是改善农业生态环境的重要内容之一。如何治理小流域,彻底改善农业生态环境,走招商引资这条路是最好的选择。在这方面黑龙江青冈县的经验很有借鉴价值。

青冈县是黑龙江西部水土流失重点县份之一,东部属小兴安岭余脉漫川漫岗地带,岗地连绵起伏,沟壑纵横交错,水土流失严重。东部水土流失区内的22个小流域,251条大小侵蚀沟,每年蚕食耕地达133.33公顷。为加强水土流失治理步伐,彻底改善生态环境,这个县自1994年起,就在认真总结经验、深入剖析原因的基础上,把招商引资的触角延伸到改善农业生态环境上,成功地吸引了县内外有实力的投资者开发治理小流域,取得了招商引资和治理小流域的双丰收,其主要做法是:第一,算账的比较,形成招商引资开发治流的共识。第二,优惠的政策,增强招商引资开放治流的吸引力。开发治理小流域投资大,见效慢,需要宽松政策的支持。第三,认真的规划,夯实招商引资开发治理的基础。在招商引资开发治理小流域的过程中,县委、县政府结合全县的治理任务,坚持工程未动,计划先行。第四,扎实的服务,优化招商引资开发治流的环境。为了让投资者干起来顺心、生产生活安心、越干越有信心,全县上下把招商引资开发治理小流域的重点放在为投资者全力服务上。第五，典型的教育，带动招商引资投资开发治理规模。招商引资开发治理小流域的关键在于治理的速度和效益，只有形成整体推进的良好态势，才会有开发治理的快速度、大规模和高效益。

青冈县招商引资开发治理小流域这一有益尝试，给人们带来了深刻的启示，即依靠外力是解决资金不足的重要途径；放宽政策是其关键所在；搞好规划是提高质量的可靠保证；优化服务是营造良好环境的重要内容。目前，县内外共投资 1100 万元，相当于 2006 年以前全县小流域治理 8 年投资的总和，占全县小流域开发治理总投资的 60%；加快了治理过程，全县需治理的小流域面积 19.79 万公顷，自招商引资以来，已开发治理 1.06 万公顷，达到历史上全部治理面积的 70%；壮大了主体力量，县内外投资者已达 66 人，其中外地客商 6 人、县城企事业单位干部职工 60 人。

实践证明，青冈县这一尝试，既成功地走出了一条借外力的新路，又开拓了招商引资的领域，不愧为加速推进小流域治理进程的一个有效举措。

第三节　农村企业领域的招商引资

一、农村企业招商引资概况

把当代世界紧密联系在一起的是资本的国际、地区流动。由于市场、原料、劳动力资源的市场化、国际化，资本不可避免地从一些国家流向另一些国家、从一些地区流向另一些地区，以寻求更优厚的资源配置，获取更好的回报。在资本的流动过程中，农业企业为了引进外来资本以及这些资本所附带的技术和管理经验，纷纷采取不同的方式，制定不同的优惠政策，创造良好的投资环境，去吸引投资的主体，这种行为称之为招商引资。招商引资包括招商的策划与统筹、招商中的形象设计和推介、招商手段的多样化和科学化、招商宣传材料的编制和使用、招商会议的组织、国(境)内外招商、招商洽谈、法律体系及有关法规、招商活动的跟进与招商人员等有关方面。我们把招商引资分为前期、中期和后期3个阶段。前期工作带有战略策划性,控制着整个招商引资的发展;中期具有战术性,是招商引资具体工作的实施;后期具有艺术性,能够促进招商引资顺利开展。根据农业企业招商引资的发展,以及投资者对农业企业投资时的考察和各地的工作经验,确定开展策划研究的出发点是系统降低招商引资成本,提高招商引资绩效。因此招商引资系统性的前期工作包括投资环境评价、投资计划策划、项目规范和商业计划,甚至还可以扩展到市场调查、企业发展战略等方面。

二、农村企业招商引资应思考的几个主要问题

(一)只有扩大开放,才能发展

开放本身不是目的,而是一种手段,用来营造一种发展的环境。投资环境应该是开放的。只有开放,现实资源和潜在资源才能进入合作领域,参与投资合作运行。在扩大开放的过程中,各地提供不同程度的优惠政策旨在促进和动员各种资源进入合作领域。

一个农村企业只有扩大开放,才能融入市场,才能进一步扩大国内外交流。所以,扩大开放是农村企业更好、更快、持续发展的前提。

开放意味着破除自我封闭,走出去,请进来。走出去开阔眼界、捕捉信息、寻求市场和合作伙伴。请投资商进来则能带来资金、技术和企业所需要的管理经验,积极开展对外经济合作可以达到“双赢”的目的。

作为生产实体的企业，农村企业应当建立合理的、科学的对外经济合作机制，从企业功能上做好对外开放，加强经济、技术、管理和人才的交流，以开放促发展，以开放促提升。

(二)只有正确认识招商引资，才能夯实基础

1. 农村企业招商中的几种认识 招商引资是引进资金、技术、管理理念等的一个过程，包括对招商引资本身的研究、策划以及活动的实施。根据招商引资的理论和实践，人们目前对招商引资的认识可分为以下 4 种：①只有制定优惠政策，商家才会投资农业；②只有自己的政策比较优惠，商家才会投资农业；③在竞争的基础上，只有扩大对外宣传，多举办招商引资发布会，商家就会来投资；④招商引资不只是一种需求，而是营造空间，创造机会，更善于发现投资者的需求和欲望，并满足这些需求和欲望来吸引投资。

改革开放以来，我国招商引资总体上一直没有突破第一、第二、第三种认识。农村企业更没有从生产、营销事务中摆脱出来，尤其是一些中小型农村企业更是如此。目前，招商引资工作效率不高，甚至疲于奔命、应付差事，大搞广种薄收，最主要的是招商引资主体没有做好应具备的基础工作。

2. 农村企业招商中需要解决好的几个问题 选择招商引资对象；研究投资机会；规范的项目材料；合作载体建设。

根据实践经验，可以将招商引资工作概括为“将投资者引导进来，指导他们去投资”。“引导”与“指导”包含非常丰富的内容，也极需要科学性和艺术性。怎么引导、引导谁、怎么知道投资者如何投资等都需要有一套可行的方案。整个招商引资系统构成包括：投资环境评价、投资机会策划研究、项目规范、项目商业计划、招商引资活动策划等。成功的招商引资需要良好的基础，要有科学的策划与安排，而且还需要有招商引资活动及相关力量的支持。

(三)只有项目规范,才能提高成功率

项目规范是利用一定的工具、标准对项目表现形式进行格式化,也有的将项目规范称之为“项目包装”。项目包装具有迎合的成分,以迎合为目的,科学性较低,并不能反映项目的优劣。科学的项目规范是按照一定的要求、一定的规程对项目进行整合。

(四)只有商业计划详尽,合作谈判才能成功

如何制定好商业计划呢?简言之,要表达一个农村企业或项目开展对外合作时所能提供的合作基础、合作意向、合作的规范、合作方案实施以及相关的图、数、表等,以科学、客观、可行的方法给合作方以清晰的合作概念。

一个完整的商业构成如下:摘要,公司介绍,市场分析,竞争性分析,农产品和服务,农产品市场与销售,财务计划,附录。

以上无论是哪个领域的招商引资尤其农村企业的招商引资都必须注意和解决的,只有解决好了以上的几个问题,农村企业招商引资才能走向科学化、规范化和长效化的轨道,才能实现招商引资工作的良性循环,提高其实践意义。做到常招常新,常引常有。

三、各地农村企业招商引资的基本经验和做法

根据各地农村企业招商引资工作的实践,总结和概括起来,其主要经验和做法有以下诸多方面。

(一)寻求资源最佳组合,农村企业应起主体作用

1. 尊重规律,积极务实 招商引资是资源配置、资本运营的一种形式,要按资源配置、资本运营的规律办事,积极务实地推进招商引资工作。

2. 完善机制,提高效率 既符合市场经济规律,又简洁高效的招商引资机制是“政府引导、企业招商、商家开发、部门服务”。

3. 优化环境,抓好服务 制约各个要素配置的目标是效益最大化,资本追求利益最大化,需要运作灵活的金融服务环境和低成

本扩张的资产对接方式;人才追求的是价值观的体现,即高额的薪水、舒适的环境;技术追求的是能接受、消化和运用的高素质操纵者;引进的商家既是投资者,又是管理者,所追求的不再仅仅是被管理者的服从,更多的是相互之间的交流、沟通和理解;农村企业生产经营过程中需要的是良好的政策、法制、治安和人文环境。总之,资源各个要素以及农村企业生产经营过程需要的是各自不同的环境。要把招商引资做好,应从多方面抓好服务,创造、创新引进发展的适宜环境。

4. 注重质量,加强重点 农村企业最终要在市场竞争中优胜劣汰,乡(镇)经济没有重点骨干企业,就不能应对市场经济挑战。因此,招商引资要十分注重质量,加强重点,既要注重用存量资产招商盘活现有企业,更要加强优势企业招商发展支柱产业,努力引进科技型、出口创汇型和环保型企业以及国内外知名大企业、大公司、大集团。

5. 转变作风,持之以恒 招商引资配置资源不可能是无本之木,无源之水,自身必须具备某种资源和环境条件。这种资源和环境条件无论以土地、种养业规模及基础、设备、厂房还是以其他有形无形资产等形式出现,都不会是一朝一夕的事,需要长时期地培育和创造,引进后也还要长时期的跟踪服务,由此来看,招商引资必须有扎实苦干的作风,吃苦耐劳的精神,坚忍不拔的毅力。

(二)全方位招商引资,实现农村企业重组

建立现代农村企业制度体制,最重要的是要实现重组。在实现农业企业重组过程中,各地采取多种形式招商引资,促进企业重组,引进国内外资本,嫁接改造企业,引进国内外资本,实现品牌重组和优势联合,引进民间资本重组国有企业。通过重组,有力地促进了农业企业所有制结构调整、产业结构的升级、企业产品结构和组织结构调整及产业的快速增长和大中型农业企业扭亏脱困。

四川省乐山市的主要做法是:一是引进国内外资本,嫁接改造企业。通过招商引资、对劣势企业进行整体嫁接或部分改造，使这些企业经营理论、管理水平、运营机制、产品档次、成本控制均有明显改观。二是引进国内外资本，实现品牌重组和优势联合。影响农村企业发展的一大问题就是缺乏知名品牌。为了尽快解决这一问题，农业企业可以以行业名牌产品或知名企业为对象，以收购、兼并、参股、控股为主要手段，以资本为纽带实施企业重组，通过名牌产品、优势企业的介入，实现资源优化配置。三是引进民间资本重组国有企业。四是因企制宜，实现多种形式的重组。如引资重组，形成产业链；充分利用上市公司"壳"资源，实现资本重组。

(三)坚持"四点"，拓宽招商引资之路

农村企业招商引资成功的关键可以用 4 句话来概括：解放思想、选对思路、用活法子、抓到点子。

(四)树立"绿色农业"理念，主动出击招商引资

招商引资工作在运作方式上，既包括走出去，又包括请进来。走出去，既包括走出去招商引资，又包括到本地之外去建厂办企业，就是让人家来招自己；请进来，主要是通过不同形式的招商会，请人家来自己家门口投资，建项目、办企业。每个有实力的企业，都有可能成为"招人"和"人招"者的双重身份。无论是处于何种身份或角色，都应树立企业本身的科学理念，坚持互利双赢、优势互补的原则，建立合资合作合心的关系。

(五)坚持"四条路子一起走，两个轮子一起转"

农村企业的发展，在坚持一业为主的情况下，应当实行多轮驱动，滚动发展的战略，或者多元发展战略。但必须根据企业本身的资源优势和企业的特点及企业自身的实力。如果一个企业连自己的主业都没有什么品位，何论多轮驱动，滚动发展？要改造企业的地位，不断拓宽生存和发展空间，走几条路也好，或几个轮子一起转也罢，关键是解决资金、技术、人才的问题，而招商引资是解决问题的一把最好钥匙。

近几年来，吉林敦化丹峰林业有限公司努力加大招商引资工作力度，积极发展外向型经济，以林产品精深加工为龙头，确立了“四条路子（资本运营之路，林产品精深加工为龙头之路，森林多种资源开发之路，国外资源开发之路）一起走，两个轮子（内经内贸，外经外贸）一起转”的战略措施，以招商引资、外经外贸统领和带动经济结构调整，使企业走上体制创新、科技创新、产业结构升级优化，有效盘活资产存量的新路子，为企业跨越式发展打下了坚实的基础。

他们的招商引资的主要做法是：一是明确主攻方向，突出特色产业。二是突出招商重点，狠抓项目建设。三是开发境外资源，提高开放档次。

为充分利用自营产品进出口权，大力培育国外市场，扩大产品出口份额，提高产品在国际市场上的占有率，企业确立了“大力开拓欧美市场，稳妥培育日、韩市场，积极扩大非洲市场，广泛开辟国内市场”的方针，先后在欧洲的海因公司、瑞典的宜家公司、奥地利的亚美公司、我国香港的依落德公司设立了销售总代理，在美国设立了直销公司。在国内市场，与长春、唐山、青岛、南京四大客车厂，北京、上海、烟台、营口四大钢琴厂建立了稳定的产销关系。

四、非国有农业企业招商引资的基本经验和做法

（一）非国有农业企业招商引资“六个一”

如何搞好非国有农业企业招商引资工作，这是人们普遍关注的问题。黑龙江省七台河市农村企业招商引资工作的实践一再证明，发展农业经济，也非走招商引资这条捷径不可。一是必须把握住一个前提。这就是树立强烈的机遇意识和发展意识，把解放思想贯穿于发展农村经济的始终。二是着力打好一个基础。这就是坚持全党动员、全民参与的格局不动摇，最大限度地调动人民群众的积极性。三是必须抓住一个关键。这就是不断扫除影响农村经

济发展的障碍，创造宽松的发展环境。四是本着一个根本目的。这就是必须实践“三个代表”和维护百姓的根本利益，把致富和造福百姓作为发展农村经济的根本出发点和落脚点。五是依靠一个保证。这就是必须创造并发挥好领导优势，确保各项超常规的政策措施有效落实。六是始终坚持“一个观”，即科学的发展观。这也是招商引资推进农业经济的发展观。

(二)非国有农业企业招商引资五要点

领导重视是前提，精心策划是基础，项目推介是关键，协同工作是保证，观念更新是总开关。

第四节　农村小城镇建设中招商引资的分析

农村小城镇建设的健康发展，是农村改革与发展的一项重要任务，可以充分运用市场机制搞好小城镇建设。各地政府要制定相应的优惠政策，吸引企业、个人及外商等多种方式参与小城镇经济投资、建设和经营，走出一条在政府引导下主要依靠社会资金建设小城镇的路子。

一、农村小城镇建设招商引资的有利之处

第一，有利于解决小城镇建设缺乏资金的矛盾。小城镇建设全靠国家资金投入，有很大困难，用土地进行资本置换，用优惠政策积极引导企业、个人及外商出资投资，促进小城镇建设工作的发展。

第二，有利于把竞争机制引入小城镇建设中，真正体现“公开、公正、公平”的原则。政府在招商过程中，可以进行公开招标，实行群众监督，实现最优化的招商，避免在招商过程中滋生腐败行为。

第三，有利于转变政府职能。政府工作可从事无巨细的全盘管理，转变为以规划管理和协调服务为主的管理模式，提高工作效

益，加快小城镇建设。

第四，有利于降低土地成本，拉动农民投资需求。在招商引资进行小城镇建设过程中，投资方在建设规划要求范围内，用专业技术和现代企业的科学管理，会尽量降低投入成本，保证建设工程质量，不存在工程建设吃回扣等问题。这可达到降低出让土地的成本，保护农民利益，促进农村城镇化建设。

二、农村小城镇建设招商引资的不足

第一，政府招商引资政策的模糊性。在小城镇建设中招商引资的实质是用土地进行资本置换，土地使用权经县级以上人民政府批准方可依法转让，土地使用权在转让过程中也会产生一系列税费。例如，新增耕地建设有偿使用费、造地费、征地费、土地出让金、耕地占用税和契税等。在招商过程中政府往往承诺给予最大优惠，但优惠程度并无量化。投资商核算成本时往往进入误区，错误估计投资风险，造成社会资金的浪费。

第二，招商引资的盲目性与规划的随意性。一些地方乡镇根本不具备招商引资的条件，看到别的乡镇招商引资搞小城镇建设，就盲目招商。并且招商后，根本不懂用什么方法配合开发商共同搞好小城镇建设，结果造成社会资金的闲置、浪费和国有土地的荒废；一些乡镇由于财政困难，规划资金严重匮乏，规划严重滞后，许多地方缺乏建设性详规。有些道路建设详规是由投资方技术人员做出，当地有关部门审批，特别是对城镇道路两旁房屋建设规划没有统一标准，缺乏特色，品位低。

第三，配套设施建设没有真正做到“谁投资、谁所有、谁经营、谁受益”的原则。在招商中强调开发商要做到“三通一平”，给水工程和输电工程由开发商投资，但却由当地有关部门受益，此外，环保等配套设施建设更不完善。

第四，政论朝令夕改，无法保证开发商的合法利益。由于小城镇建设的周期比较长，有时难免会遇到政府换届。有些政府官员没有认识到小城镇建设是政府自己的事，认为开发商赚了许多钱，对开发商与政府签订的协议不完全履行，人为地给小城镇建设设置障碍，使开发商迟迟收不回投资，延缓建设速度。

三、加快农村小城镇建设步伐，发挥招商引资的有利作用

第一，政府出台招商引资政策，尽量采用量化指标。属于地方财政收入部分的费用，尽量用量化指标明确减免程度。给投资方一个较透明的投资引导，认真核算投资成本。真正发挥社会资金在小城镇建设中的作用。

第二，在招商引资开发过程中，政府要配专人协调管理，严格按规划进行小城镇建设，强化规划的“龙头”作用：要充分考虑各地自然资源、经济基础、区位特点和发展趋势，搞好小城镇定位工作，建设具有时代特色和地方特色相统一的多类型多功能小城镇。

第三，进一步抓好基础设施配套建设，加强环境资源保护，提升小城镇建设水平：把配套设施建设在当地实行招投标、或招商，真正体现“谁投资、谁所有、谁受益”的原则。要以人为本，严格按照技术规范，努力提高建设品位，营造具有浓郁生活气息和体现丰富文化内涵的人居环境空间。

第四，加快农业结构调整，推进农业产业化建设，促进小城镇建设健康快速发展：小城镇建设发展需要强有力的产业支撑，政府要力求城镇建设同农业产业结构调整相互促进，相辅相成，政府要加大宣传力度，用各项优惠政策吸纳农村剩余劳动力到城镇经商办企业，尽快完成资本置换，使政府和开发商实现双赢的局面。

第七章　农村开发区与园区的招商引资

第一节　农村开发区招商引资

农村经济开发区是对局部地区人、财、物各项优势资源进行重新整合、集中配置的载体，作为我国改革开放的产物，已经显示出其强大的生命力。进入21世纪后，我国农村企业面对三大变局，一是我国入世引发的市场竞争环境的大变局；二是由国内深化体制改革和规范经济秩序引发的农村企业命运变迁的大变局；三是全球经济转型和产业变迁引发的农村企业成长方式的大变局。这也预示着，置身于入世大背景下的农村经济开发区也将面临着与以往大大不同的竞争环境和竞争方式。目前，国家给予开发区的各种优惠政策将会因为国民待遇原则的普遍引入而逐步隐退，招商引资的竞争，实际上已从依托政策优势转化为依靠综合环境优势。只有走出认识的误区，由表象深入本质，把握关键点，加强研究，准确定位，根据不断变化的国内外投资情况，以市场信号和市场规则来指挥一切，各地开发区才有望在更短的时间实现招商引资的大跨越，获得超常规、跳跃式的发展。

几年来，各地农村开发区在招商引资方面积累了不少经验，概括起来，有以下几个方面。

一、以创新促进转变以转变求发展

招商引资是农村开发区与园区工作的重中之重，是开发区实施项目立区的基础，也是开发区工作人员最重视、又深感难度和压力大的一项工作。当前，大家普遍感到招商引资难，这既有客观原因，如招商引资资源的有限性、竞争的无序性和激烈性；也有主观原因，如在同样的大环境下，不同的开发区取得不同的招商引资成效，就说明了这一点。在新的形势下，做好招商引资工作仅靠传统的办法难以取得好的效果，必须创新。具体说，就是要实现10个转变：①由专一的专业部门招商向全民招商的转变。②由来者不拒向有所取有所不取，致力于吸引大项目、高新技术项目和跨国大公司为重点转变。③由重引资引项目向同引智、引人才相结合转变。④由重视引进外资向引进内资与外资相结合转变。⑤由单项的招商引资向同抢占国际市场、参与国际竞争相结合转变。⑥由传统的招商手段向现代化招商手段转变。⑦由以优惠政策招商为主向以环境、服务招商为主转变。⑧由引进直接投资向发行股票、出让企业股份、特许经营权转让等多形式转变。⑨由注重单个项目招商向注重产业链招商转变。⑩由重引进向“引”与“管”相结合转变。

二、改进招商引资方式顺势而为

(一)以招商载体为核心，变政府招商为企业招商

招商工作的主体是企业，而不是政府。吸引国内外资必须遵循市场经济法则，以国家产业政策为导向，充分考虑市场、技术等要素。由企业承担责任。当前，要改变招商引资的被动局面，必修努力培植和夯实招商载体，千方百计把企业推向利用投资的主战场，使之在招商活动中由配角变为主角，有目的、有计划、有准备地参加招商活动。总体思路应是“政府作指导.部门搞服务、企业唱主角”。政府仍需加强组织领导力度，加强分类指导，促进企业自行招商，有关部门应做好相关的管理和服务工作。

(二)以项目为中心，变一揽子招商为专题招商

以项目为中心，以客商为重点，以企业为主体的招商引资活动，应表现为一个由浅入深、滚动发展、连续不断的过程。项目是

招商之本，要增强对外商的吸引力，提高引资的成功率，必须认真做好项目论证做好包装，寻求让外商感兴趣的做法。应大力提倡以项目为对象的专题招商，改变过去无目的的一揽子招商的做法。对重点项目应实施高层次招商，由主管领导带队，实行高层次重点推进。对高科技项目实施专业性招商，由科技部门带队，进行科技论证和考察，及时争取主管部门的支持，推进高新科技招商。

（三）以专业化为主体，变大队伍招商为小分队招商

实现招商队伍专业化，是提高招商引资质量的关键所在，是招商引资工作逐步走向规范化、程序化、组织化和市场化的必由之路。农村开发区应建立一支具有一定政策水平和专业知识的高素质人才组成的招商小分队，专门从事招商引资活动。这支小分队具有独立的决策权，有一定的综合协调能力，开展工作比较灵活、机动，节俭又高效，能达到“事半功倍”的效果。

（四）以网络为工具，变信函招商为网络招商

招商活动是市场经济活动，是一项十分复杂的系统工程，必须通过一定的组织体系，利用各种关系，动用现代科技手段和信息技术建立海内外信息机构网络，变静态为动态，变单线为多路，使每一个招商项目面对众多投资者，每一个投资者面对众多招商项目，为此，必须实施“网络”式招商。

（五）以客商为中心，变自身招商为以服务招商

进一步树立“亲商”意识，提高招商人员的综合素质，不断改进对投资商的服务工作，提高服务质量和水平，真正做到“一个窗口对外，一站式服务，一个部门归口收费”。始终坚持“顾客是上帝”的服务理念，从产前、产中、产后全过程真诚地协调和解决客商关系的问题，切实保障商家投资企业经营管理自主权，维护依法投资者的合法权益。

（六）以信息开发为前提，变仓促招商为有序招商

招商活动必须认真做好前期准备工作，搞好信息开发，建立自己的招商信息系统。一是建立外商档案库;二是建立资料数据库;三是建立招商项目库。对重点和一般项目进行不断的开发、整理和包装,陈列出新,开发一批,储备一批,不断适应招商引资的需要。

三、用服务营销策略打开招商引资之门

农村开发区与园区的主要职能是招商引资。如果把开发区看作一个产业的话,那么开发区生产2种产品,即投资环境和投资服务。而如果把开发区的招商引资看做一种营销的话,那么这种营销既可以看做是投资环境的营销,也可以看做是投资服务的营销,后者可简称服务营销。

按照服务营销的策略理论,结合农村开发区与园区的实际经验,在招商引资中,可以运用以下服务营销策略:①示范策略。开发区可以在招商引资中利用现有投资企业的示范效应,即用它们在开发区的成功和取得的回报来显示开发区的服务成果的水平,并以此说服新来的投资商。示范策略也被称为“以商招商”。②品牌策略。开发区可以在招商引资中利用品牌效应。③服务承诺策略。开发区可以在招商引资中利用承诺的力量。承诺的力量就在于诚信,而诚信对招商引资的重要性是不言而喻的。开发区的承诺,除了明确的承诺外,还有暗示的承诺,如广告、宣传材料、标语、口号、领导人讲话等,实际上都可能暗含承诺。无论明示或暗示的承诺,都应具有可兑现性,即说到做到。④信息营销策略。开发区可以在招商引资中利用信息的营销作用。⑤网络营销策略。开发区可以在招商引资中利用渠道网和互联网的营销作用。⑥关系营销策略。开发区可以在招商引资中开展营销策略,即在服务接触中建立良好感情联系或人际关系并以此促进招商引资。⑦口碑营销策略。开发区可以在招商引资中利用自己在现有投资商中良好的口碑,即借现有投资商的嘴为开发区做宣传。⑧理念营销策略。

开发区可以在招商引资中宣传开发区各种理念，用理念来吸引投资者。⑨特色营销策略。开发区可以在建设中建立自己的特色和在招商引资中着重宣传自己的特色，以特色吸引投资商。一家开发区的特色往往是它的优势，这也是特色吸引的主要原因。⑩个性营销策略。开发区可以在招商投资中采取个性化营销策略，即针对投资商的差别采取不同的引资方案，以尽可能地满足投资商的个性化需要。⑪聚类策略。开发区可以在招商引资中将同类投资商聚合在一起进行布局和服务。⑫一揽子服务策略。开发区可以在招商引资中提供一揽子服务，提高服务效率，以高效率的服务吸引投资商。

四、瞄准主攻方向发展高效农业

（一）开发名、优、特产品，提高第一产业效益

根据当地资源分布状况，一要利用好当地优势资源，发展优质高效农业，必须走农业产业化之路。当前农村开发区和园区农业、农村的社会化服务体系不健全，中介组织发育程度低，是制约从传统农业向市场农业迈进的“瓶颈”。建议通过招商引资加快建立一批以“公司＋协会＋农户”的新型合作经济组织。带领农民围绕市场进行农业产业化调整，大力发展“订单农业”、“期货农业”，按市场运作的规律生产适销对路的无公害、绿色、有机农副产品，逐步建立农副产品检验检测中心，大力发展品牌农业，提高农业效益。

（二）提升农产品加工，提高第二产业比例

近年来，农村企业迅猛发展，其经济比重的占有份额在逐年上升，具备了一定的基础优势。但是这些企业都是投资小、规模小，存在“低效”、“短腿”、甚至“短命”的现象，按照扶优扶强的原则，加大对个私企业的扶持力度，特别对“绿色龙头”企业实行高位嫁接，实现以企招商，以商招商，通过招商引资建立一批诸如“企业＋农户”、“大龙带小龙”等连接农户的龙头组织。一种形式是以加工企

业为龙头，以农副产品精、深加工为主，以契约服务等不同形式将基地与农户联系起来，以企业发展带动基地壮大，相互促进，开同发展。另一种形式以一种农副产品为加工原料，通过主体企业的辐射建立分厂，把不同区域的专业农民联系起来，分家联销，共同面向市场。

五、优化环境搭建招商引资平台

环境是形象，是财富，是生产力。良好的投资环境、诚信环境是一个社会进步的重要标志和经济发展的重要保证。加快农村招商引资，优化软环境尤其是建设环境优势是关键的关键。

（一）发挥好企业的主体作用，从体制上保证

企业是市场经济的主体，也是招商引资的主体。农村招商引资应让众多的个私企业唱“主角”，政府当好“配角”，当好“红娘”。通过以企业主体的招商引资才是最科学、最经济、最有效率的方式。通过以企业引进的项目才是最具有生命力、最具有市场竞争力的。

（二）发挥好专业机构作用，在机制上保证

要把招商引资作为“一把手工程”，并作为考核各级各部门的硬任务。但随着经济全球化的推进，招商引资正由低层次、低水平的粗放型招商引资向高水平的专业化招商引资转变，如果我们跟不上形势的发展，就难以在招商引资中取得辉煌的胜利。因此，要注重建立专业招商机制，充分发挥专业招商的作用。如今乡镇机构改革和税费改革后，乡镇干部已逐步将精力主要放在招商引资、促进农村经济发展上来。乡镇要成立专门的招商引资办公室或专业招商小分队，在招商行政部门的指导下，着力打造一批招商引资“地方军”，在全民招商引资中发挥骨干作用。它一方面要做好资源调查、项目建设、提供信息等专业性工作；另一方面为招商企业提供专业化服务。

(三)发挥农业园区的作用,在招商载体上保证

利用当地优势资源,按照“政府推动、市场运作、多方投资、突出特色”的思路,结合优化种植业、优化养殖业、优化林果业的产业化调整,采取“一乡一品”、“一区一业”的布局,加强乡镇园区、农业科技园区或种、养、加小区等载体建设,打造招商引资平台,形成县舞“龙头”、乡舞“龙身”、民舞“龙尾”的上下联动的招商引资环境。

(四)发挥人文生态作用,从环境上保证

以优惠政策拉动投资的效益是有限度的,特别是全国各地都在招商引资,都在竞相制定优惠政策,如果没有高人一筹的环境优势,就难以取得招商引资的重大突破。优化环境是无止境的,着力点要放在营造优质服务环境上,营造“亲商”、“和商”的人文环境,抢占招商引资的制高点。一要切实加强社会治安综合治理,以铁的手腕治理好社会环境以“安商”;二要打造“诚信招商”创造良好的信用环境以“信商”;三要扎实开展精神文明建设活动,营造纯朴文明的人文环境以“和商”;四要积极创建生态环境,着力营造优越舒适的人居环境以“稳商”。

(五)发挥政府的主导作用,从政务环境上保证

发展是第一要务。乡镇政府要把开发区与园区招商引资作为第一要务,仅仅思想解放了还是不够的,关键是要付诸行动。一要增强“双赢”意识,树立“你发财,我发展”的观点,让投资商公平合理赚钱;二要抓好体制、机制和载体建设,只有内强才能外招,只有优化环境才能吸引外资;三要抓好项目,捕捉资金信息,把招商引资的基础性工作抓好;四要转变职能,增强服务意识,建立服务型的政府,树立务实、高效、廉洁、文明的政府形象,培育好民风,增强全社会爱商、护商、敬商意识,形成“人人都是投资环境”的社会氛围,为投资者提供规范高效、诚实守信的良好环境。

第二节 园区招商引资案例分析

案例一、江西省石城县大由乡招商引资的成功之路

(一)园区简介

大由乡地处江西省石城县最偏远的西南角,系宁(宁都县)、瑞(瑞金市)、石(石城县)三县(市)交界处,俗称“倒角”地方,不靠国道,资源缺乏,是个典型山区农业乡。近年来,该乡紧紧围绕县委、县政府提出的“掉头向东,推进农业产业化,构建工业主导型经济”的发展战略,坚定不移地把招商引资作为突破口,实施工业兴乡策略,走加快发展新路。仅 2004 年、2005 年招商项目 8 个,完成投资额 1350 万元,高背鳗场、大由良种生猪扩繁场、草场脐橙园、王沙养牛场成为该乡种养业产业化龙头;永源毛织厂、鑫磊针车蝴蝶配件厂、水南毛织厂、龙兴毛织厂成为该乡工业龙头企业,安排 600 多名农村劳动力就业,奠定了该乡党委、政府提出构建十里针织产业示范带、二十里林木产业示范带、三十里“猪—沼—果”生态农业示范带等 3 条产业带基础。探究一个落后的山区农业乡是如何成为招商引资的“热土”,该乡的一些成功做法值得借鉴。

(二)明晰产业发展思路,突出园区产业招商重点

在招商引资过程中,大由乡明晰产业发展方向,突出重点产业地位,引导投资方向。一是该乡强化抓重点产业意识;二是在选择什么作为当地的重点产业上,深入调研,科学论证,三是为重点产业发展创造条件,提供全方位服务。

大由乡党委政府立足该乡实际,充分发挥比较优势,以高背、大由、兰田等村养殖和沼气池建设的原有规模优势,建设三十里“猪—沼—果”生态农业示范带;以下伊、罗田等山区村拥有丰富林木资源,建设二十里绿色林业产业示范带;以本乡外出务工人员大

多从事针织、针车工种的劳动力优势，建设一条沿屏由公路线的十里针织产业示范带。

该乡用工业的理念谋划农业，以工业项目推进乡域经济发展，把产业招商同承接沿海发展地区产业梯度转移相结合。一是突出重点，围绕产业优势招商，对生态农业和针织项目精心包装，建立招商项目库，根据项目特点进行选择性招商；二是做好规划，加强基础设施硬件建设，完成三条产业带水泥公路改造工程，完善水、电、路、通讯“四通一平”建设；三是突破瓶颈，建立完善劳动力市场，把市场信息、技能培训、农民就业联系起来，构筑为产业招商和产业发展的信息服务平台。

(三)创新招商新理念强抓园区招商促发展

大由乡党委、政府坚持依托和发挥生态农业、针织产业比较优势，始终把招商引资作为园区经济工作中的“牛鼻子”和“生命线”来抓，全面树立“全党抓经济、全民抓招商”的意识，采取“走出去，请进来”的方法大做特做招商文章。一是落实招商引资责任制，按照“责、权、利”相结合的原则，进一步充实完善招商引资工作责任制，做到“项目到位、考核到位、奖惩到位”；二是充实招商队伍力量，在乡机关干部中按比例抽调人员担任招商员，并成立专业招商小分队常年驻外招商；三是明确招商重点和策略，制定“主攻闽粤、拓展长珠三角、突破外贸”目标，重点瞄准“三高”生态农业项目、针织项目招商；四是完善招商工作机制，细化招商任务，通过考核机制，激活乡村干部参与招商、服务招商的能动性，改进招商方式方法，提高招商对象的命中率。并且党政一把手带头招商，切实把乡镇工作重心转移到招商引资上来，通过落实责任，实现招商引资“人人头上有指标，个个身上有压力”。

(四)落实措施强服务，全力助商立诚信

如何使客商招得进、留得住、发展快，这是招商引资的一大难题，尤其在区位优势相对较差的地方，更要做好安商、富商这篇文章。为此，大由乡在招商引资工作中强调“三个度”、“四个一”理念。“三个度”是指：一是把对客商服务的水平度作为检验工作能力的标准，客商利益无小事，处处都要服务好。在去年干旱时期乡党委专门指派干部到高背鳗场所在村小组妥善处理了鳗场生产用水和农民农田灌溉的矛盾。二是把客商的需求度作为工作的目标，商客的需求在哪里，工作的目标就放在哪里。有外商企业遇到资金周转困难，乡党委书记邓春红亲自出面协调金融部门优先贷款，帮助企业渡过难关。三是把客商的满意度作为工作的成效，切实把服务工作做细做实。外商企业刚筹建时，乡党政领导时常忙碌在工地上，为外商解决用水、用电等工程问题，缩短企业建设工期。“四个一”是指：“一诺千金”，实行公开承诺和首问责任制，把县乡出台的优惠政策、办事程序、收费项目、收费标准公之于众，并按时兑现，落实到位。针对不少企业反映招工难的问题，该乡专门出台一项招工优惠政策，对在外务工的熟练工返乡到引进企业就业并签订 1 年用工合同的，由乡政府报销往返车费。“一呼百应”，提供全过程服务，做到有求必应，主动上门与客商沟通，征求意见。永源毛织厂刚引进时，出现订单不足的困难，邓春红书记了解此事后，主动带企业老板到福建联系订单，帮助永源毛织厂和台商南益集团签订大额订单合同。“一路绿灯”，开启外商绿色通道，对每个招商项目都指定一名党政领导、一个协调服务小组跟踪服务，提供证件代办，限时快速服务。“一查到底”，设立整治招商环境办公室，凡是发现有破坏招商引资和损害客商利益的人和事，一经查实，将从严从重处理。

（五）立足长远谋发展，产业集群富客商

大由乡以“产业做大、企业做强、品牌打响”为中心，坚持“客商创业我铺路，客商发财我发展”的宗旨，通过创造发展环境扶优扶强引进企业，致力把单个企业做成产业集群，实现以商招商，形成落户一个，带来一批的“滚雪球”效应。一是把当前引进的 1 家针车配件厂、3家毛织厂和4个农业项目培育发展为能带动产业集聚的行业骨干企业和龙头，以此来引进更多同类企业，形成“产业生态环境”。二是提高产业专业化分工和技术链条发展，强化产业链延伸和相关行业配套的拉力，增强产业关联度，以此来加强与闽粤地区产业对接，积极承接沿海发达地区产业转移。三是鼓励和支持产业（企业）与院校、科研机构的合作，开发高技术含量、高附加值的新产品，提高产业（企业）创新能力，推动产业升级。四是由政府牵头通过“农民知识化、公民职业化”培训平台，建设好5大培训基地，组织“定向、定岗、定级”技能培训和农村实用技术培训，提高劳动者素质，为产业（企业）发展提供劳力资源。五是积极引导筹建了“猪—沼—果”种养协会、针织行业协会等行业组织，充分发挥协会联系政府与产业（企业）的桥梁纽带作用，协调会员（企业）之间生产经营、技术合作关系，推动行业之间横向经济的联系，并且该乡针织行业协会还发挥行业优势开展招商，2009年7～8月份就帮助乡政府联系洽谈广东揭阳、汕头和福建等三家客商投资大由开办针织厂。

“一凤引来百花开”，大由乡以“优良的环境、优惠的政策、优质的服务”赢得了外商接踵而来，并走出了一条“以产业为依托，以市场为动力，以招商为重点”的产业化发展新思路。

案例二、江苏省赣榆县青口镇招商引资搭起致富桥

江苏省赣榆县青口镇位于亚欧大陆桥东桥头堡——连云港市北部，面积92.8千米^2，其中耕地面积2404公顷，总人口16.09万人，其中镇有人口10.4万人，辖24个社区居委会和21个行政村。近年来，青口镇按照开放兴镇、工业立镇、海洋强镇、民营富镇的发展战略，充分发挥地处县城驻地的区域区位优势，积极进行招商引资，紧紧围绕全方位开发经营县城做文章，取得了显著的成果。

2003年完成国内生产总值11亿元，同比增长22.2%；财政收入5600万元，同比增长23.2%；农民人均纯收入4700元，同比增长12%。经济总量、经济效益、出口创汇、财政收入等主要经济指标继续雄居全市第一。

（一）依托载体，集聚项目

园区是经济建设发展的重要载体。青口镇本着"资源共用，利益共享"的原则。进一步整合产业、市场等资源，坚持第一、第二、第三产业并举，外资、内资、民资同引，大、中、小项目齐上，精心构筑了省级经济开发区、省级海洋开发区、省级西关民营工业园区和镇临港工业园区4个发展的好平台。一是围绕经济开发区大上项目。抓住赣榆县委、县政府大举推进开发区建设的有利时机，在积极配合完善服务的同时，重点引进一批大项目。目前，在加快推进江苏舜天二期工程建设的同时，总投资1亿元、占地6.67公顷的连云港市东南标准件制造有限公司和总投资4000万元的连云港金马金属制品有限公司等项目已开工建设。二是围绕海洋开发区及临港工业园区快上项目。以新型海洋产业为主体，实行"多元投入、自主经营"、自我发展的运行机制，重点抓好总投资1.2亿元、年产20万吨酒精的江龙酒业有限公司和总投资3000万元的连云港船舶推进器厂等项目，逐步形成了以海水养殖、海洋食品加、海洋医药、化工信息技术等为主要特色的海洋新型科技工业园区。三是围绕西关民营工业园区多上项目，充分发挥西关民营工业园区的沿边、沿线优势，着力抓好兴王建筑机械厂、钢模板加工等项目，加快建设好了西关物流配载中心。进一步将西关民营工业园建成省级民营经济的示范区，成了镇域经济新高地。

（二）营造亮点，提升三产

该镇充分发挥地处县城驻地的区域区位优势，多渠道筹措开发资金，不断繁荣和带动县城第三产业。一是彰显特色做活三产，引资3.2亿元将青口园艺场改制建成全县一流的现代化明珠花园小区;投资1000多万元兴建苏北地区首家村级社区集老年人寄宿、休闲、保健等于一体的新华老年公寓。同时,圣安医院、清华园双语学校等项目的建设进一步提升了青口镇的吸引力。二是围绕中心渔港做旺三产,以青口港被批准为国家级中心渔港为契机,投资4100余万元规划建设了国家中心渔港青口港二期工程,新开挖总长2400米港池。在两岸新建总长达1200米码头3座,完善了中心渔港各项功能。三是推进城区建设,加大加快县城东关路、西关路等全面改造力度。强力推进深港商贸总汇西延工程,进一步提升环境的吸引力。

(三)创新思维,改进招商

一是创新招商体制推动招商,设立了北京、南京2个联络处,城区、南区、东区3个办事处,明确目标,分工负责,狠抓落实,主要领导干部拿出80%精力抓招商。区办人员用80%精力抓项目引进;切实做到"两出去三回来",即带着任务出去,带着压力出去。领着客商回来,拿着项目回来,引着资金回来。同时,创新招商方式,不断扩大委托招商、中介招商、网络招商、挂职招商、以商招商,切实做到注重招商实效,快取招商战果。二是选派百名机关干部下基层协助招商。从镇机关抽调100名工作人员,进驻各村、社区担任为期1年的党支部副书记或居委会副主任,协助村、社区大力开展招商引资工作,并把完成工作实绩与工作待遇挂钩,半年考评不称职的,黄牌警告,年底考核不合格的待岗。三是创造良好环境促进招商。在全镇上下大力开展实施最优惠的政策,创造最优越的环境,营造最优良的秩序,提供最优质的服务招商引资主题活动。深刻体验招商引资工作的艰辛、企业创业的艰难,努力打造"服务高地、政策洼地和投资者福地",实现了"管理零收费,服务零距离,客商零投诉,协调没意见",取得了良好招商引资效果。

案例三、贵州省凤冈县土溪招商引资的做法、成效与启示

凤冈县土溪镇是贵州省100个重点贫困乡镇之一，镇辖206千米^2，1万户，4万余人。2003年被列为省级一类极贫乡镇，2005年被列为全省一类重点扶贫乡镇。近年来，该镇紧紧抓住扶贫开发“整村推进”政策机遇，努力改善投资环境。充分挖掘潜在资源，着力优化农业产业结构，全面开放农业领域，广泛开展招商引资，有力地推动了农业产业化进程，带动了全镇经济社会持续发展。2005年以来，该镇引资已建项目11个，其中种植茶园项目4个，辣椒等种植项目2个，加工企业1个，养殖项目4个，实际到位资金3000万元。将于2007年动工建设的茶叶加工项目2个，投资额近3000万元。

(一)招商引资的主要做法

1. 突出生态优势　为充分发挥镇内气候温和，土质肥厚，水源充足的优势，切实加强生态治理和保护，通过招商引资重点发展生态、无公害绿色、有机农业。一是对天保林、生态林、植被严加保护，强化护林巡防工作，严禁乱砍滥伐，全镇森林覆盖率已达47%；二是加强政策引导，以“共建绿色家园”宣传活动、“天保工程”及“退耕还林”的实施为平台，深入灌输绿色理念，广泛发动群众扎实抓好生态环境建设。

2. 优化投资环境　一是改善基础设施建设。抓住整村推进的机遇，对全镇基础设施进行彻底改善。将35个小村200千米的主路全部进行框边、沙石化并形成网状，打通毗邻县、乡镇的断头公路，修通到大村大寨的公路，并通过“一事一议”和村民自治加强管护，基本实现了下乡不走“回头路”和出外没有“断头路”的目标。对全镇68处水轮泵进行了维修，修建了1万米沟渠和21处人畜饮水工程。对3个村(居)街道实行硬化、亮化、净化、美化。新建

了10座移动、联通、电信基站。二是建立组织保障机制。镇成立了招商引资领导小组,并制定了党政领导"1+1"联系制度,即:每个镇党政领导负责1个引资项目的跟踪服务;对在引进外资和客商在发展中出现的问题,采取特事特办的方式帮助解决。在用地、厂房、生产、政策、运作、营销等方面的难题,镇党政联席会以"一事一议"的方式帮助解决。如2006年引入金氏皮蛋加工厂时,正值皮蛋生产的黄金时期,由于厂房、商标等问题,投资商发生了动摇,镇党委、政府立即召开党政联席会,通过"一事一议",为其解决了厂房问题,同时请示县人民政府帮助,解决了商标注册等一系列问题。

3. 建立长效机制 一是制定工作制度。明确村(居)、派出所及综治部门为客商保驾护航,工商、税务、电力、水利、金融等部门主动上门服务,积极营造"考察时真实热情,引入时诚实守信,运作时认真帮助"的投资合作氛围,真正做到"招得来、稳得住、能发展"。二是建立协会运作、政府协调的工作机制。由支部牵头,组织党员示范户、专业大户、养殖能手组建协会,提高农民的组织化程度,形成"支部领导协会、协会带领会员、会员服务企业"的服务机制。对引进项目严格按政策规定完善投资手续,避免出现因领导变动、行政变迁等因素而改变引资合同约定的款项。三是严格实行"问责制"。对破坏和影响投资的人员进行严肃处理,坚决从重从快打击和处理巧立名目向企业乱收费、乱摊派、乱罚款的"三乱"行为,杜绝了吃、拿、卡、要等有损地方形象的现象。四是提高服务质量。及时为客商排忧解难。2006年,土溪种鸡场在生产过程中出现经济危机,镇党委书记得知这一情况后,主动联系其他4名干部用工资作担保,为客商贷款10万元,帮助客商度过了难关,使外来投资商深受感动,在他们的带动下,吸引越来越多的客商加入投资行列,促进了企业持续健康发展。

4. 科学规划项目 一是坚持"培育绿色产业,实施绿色加工"

的原则，精心编制、包装、推介招商项目，做好招商引资的基础性工作。该镇每年都根据产业发展的实际和需要，编制和包装一批农业招商项目，增强对外商的吸引力，真正做到有项目可招，有项目能招。二是对项目库不断调整和充实。在编制、推介项目上突出农产品加工项目，2005 年以来，编制并推介的 20 个项目中，有 4 个是农产品加工项目。实施的 11 个项目中，有 2 个加工项目。三是加强项目宣传，编印宣传画册，全面介绍该镇的农业气候、生物资源、投资政策、投资重点领域和重点项目，让外商能够准确把握投资意向。

(二)招商引资取得的成效

该镇通过农业招商引资工作，有力地促进了传统农业向现代农业的转变，加快了农业现代化建设的步伐，呈现了前所未有的强劲发展态势。

1. 推进了农业产业化发展进程　该镇长期以来主要以粮、油、烟、畜等传统产业为主，基本上只能保证农民的自给自足，属于小农作坊经营方式。通过招商引资，建立了年产量分别达到 500 万枚的金氏皮蛋加工厂和 50 万羽以上的种鸡孵化育雏场。在企业带动下，该镇 2007 年新发展养鸭户 140 余户，养鸭 2.8 万羽。目前，全镇已有养鸭专业户 148 户 22 万羽，养鸡专业户 20 户 16.6 万羽，基本形成了种禽基地—孵化育雏场—农户养殖—产品加工—企业营销一条龙的产业链。在种植业上，引进外资建立了 4 个有机茶园 100 公顷，育茶苗 2.33 公顷 1000 万株，种植辣椒 933 公顷，提高了规模化水平，逐步向产业方向迈进。

2. 拓宽了就业门路和增收渠道　该镇招商引资的农业项目均属劳动密集型产业，可提供多渠道的就业门路。同时，通过土地合理流转使农民的劳动力直接转变成了商品，有效促进了农村劳动力就业，同时也促进了农民增收。如引进的 4 个茶园种植项目共 100 公顷，育茶苗 2.33 公顷 1000 万株，农民获土地租金每公顷

3000元，劳务工资每公顷2700元(900个工天，每天30元)，每公顷年纯收入可达3000元；辣椒种植户杨茂林，家中有2人，以前种玉米0.13公顷地只收入600余元，2006年种植韩国单身辣椒纯收入3000多元，人均增收入1500元。2007年，又养了100只种鸡，预计人均纯增收入在500元以上。同时，在企业、协会和农民之间建立了利益共同体。协会招商引入资金，增加协会收益，壮大了村级集体经济；农民出租获得土地租金，参加劳动，获取报酬；客商发展农户，产品供需得到保障，真正实现了“客商—协会—农户”“三赢”。以辣椒为例，客商付给协会0.06元/千克手续费，付给会员户1.12元/千克订单价，按每公顷产30000千克计，协会每公顷可收益1800元，农户每公顷收入33360元。

3. 农业龙头企业发挥了带动效应 按照“围绕特色建龙头，围绕产业建龙头，围绕基地建龙头”的思路，该镇先后引进建成了皮蛋厂、孵化育雏场，有4个项目已达成意向性协议，投资1000万元的茶叶加工厂、50万元的板鸭加工厂和150万美元的辣椒板栗加工厂在今年有望投入建设。围绕龙头企业发展特色产业，依托龙头企业发展订单农业，在全镇已基本形成了每一个产业都有一个龙头企业带动的局面。同时，采取“搭船出海”的方式，与省内外知名企业联手，打造新兴品牌农业。2006年，与贵阳“老干妈”签订订单种植辣椒800公顷，大蒜和洋葱各66.7公顷；与贵阳助财农业有限公司签订订单种植韩国单身辣椒133.3公顷，种植台湾澳瑞利F1花菜10公顷。这些产业均已初具规模，并得到了良好的经济效益。

4. 有效地抗御了市场风险 通过招商引资，大力引进有资金、有实力、有市场的企业，企业与农民实行订单种植、养殖和收购，把农民承担的风险责任降到了最低点。在抓好质的基础上，尽可能在量上实现突破，获得最大的经济效益。例如，在2006年的辣椒收购中，企业给农民最低保护价1元/千克，实际收购价为

1.12元/千克。金氏皮蛋厂在与养鸭农户签订收购合同中，按照略高于市场的价格确定收购价，农民的利益得到保障，发展的积极性高涨。

5. 有力促进了农村土地合理流转　在严格执行土地延包政策的前提下，积极推动土地合理流转。按照“依法、有偿、自愿”的原则，促进农村土地流转的规范化、制度化，加快土地从零散种植向基地集中，向龙头企业集中，向种植大户集中，鼓励土地适度规模经营，使土地得到充分合理流转利用。2006年，全镇茶叶种植大户和养殖大户通过租用、承包等方式流转土地近333.33公顷。

(三)招商引资成功的启示

1. 创新思路是先导　该镇在调整农村产业结构中，勇于突破依靠行政命令先发展后找市场的传统思维，切实把工作重心转变到通过外引内联，培育和支持作为市场主体的企业发展，让企业自主决定发展什么、怎么发展，并主动为企业协调土地、资金投入，大力扶持企业在自主经营、自负盈亏中带领农民增收致富。

2. 因地制宜是前提　该镇在招商引资过程中始终坚持“因地制宜、因特而招”的原则，充分利用地域优势、资源优势，立足镇情实际，突出地方特色，科学规划项目。如该镇利用丰富的水资源，通过远程教育网、农经网等信息资源平台，突出地方特色和优势，引进种鸭场、孵化育雏场等项目，打造了生态产业链。

3. 夯实基础是关键　基础设施建设是农业发展的命脉，农业领域的全面开放、项目的引进，首先要解决基础设施不完善的问题，保证水、电、路“三通”，确保企业生产物资拉得进、运得出和用电用水的安全保障。

4. 强化服务是保障　要树立发展无止境、服务无止境的意识。坚持“服务第一”的工作理念，在低价转让、承包土地的同时为农民开辟就地打工增收门路；大力建立诚信招商、互利合作的投资环境，消除客商的后顾之忧，激发客商投资的集群作用，形成以商招商的良性循环，才能真正实现引得来、留得住。

5. 科学运作是根本 在政府服务、协会招商运作模式中，政府做好投资软、硬环境的改善，协会根据投资方需求组织农户发展生产，发挥桥梁纽带作用，减少企业在生产中的环节，搭建“企业—协会—农户”三位一体合作平台，对提高农民组织化程度，提升农业产业化经营水平发挥了积极的促进作用。

案例四、内蒙古和林格尔县盛乐经济园区招商引资成功经验

盛乐经济园区坐落在209国道呼和浩特段36千米处的土城子乡，总面积30千米^2，和林格尔县曾经是一个出了名的国家重点扶持的贫困县。土城子乡自然资源十分贫乏，人称“地上没草，地下没宝”；水利、电力、交通等基础设施极为落后；群众的科技文化素质不高，思想观念一度十分落后。上述“三大”劣势长期以来一直严重阻碍着当地经济与社会的发展。

然而，就是这样一个贫困乡，如今却发生了翻天覆地的变化。在短短的几年内，通过盛乐经济园区建设带动整个和林格尔县的国内生产总值从1997年的3.8亿元增长至2003年的18.11亿元，是1997年的4.7倍；财政收入从1997年的1955万元增长至2003年的1.56亿，是1997年的8倍。到2003年全县农民人均纯收入达到2055元，较1997年增长了62%，城镇居民人均可支配收入突破4500元，较1998年翻了1番。和林格尔县在不到10年的时间里创造了我国西部贫困地区经济跨越式发展的奇迹，其快速发展的成就和经验，被称为“和林格尔现象”或“和林格尔模式”。这一系列的发展都得益于盛乐经济园区的建设及招商引资工作的开展。

在建设园区之前，这里水、电、路、暖、通信等基础设施严重落后，这种情况长期以来严重地影响着招商引资的顺利进行，而招商

引资、吸引和培育具有市场开发能力的企业，是关系和林格尔县实现农业产业化的关键环节，为了扭转上述被动局面，县委和政府决定建立盛乐经济园区，通过建立一个基础设施完备，政策环境优良的投资平台，改善投资环境，充分发挥资源和地缘优势，以此吸引和培育一批对县域经济发展具有辐射带动作用的企业，推动农畜产品的商品化，推动全县经济的快速发展。

长期以来，和林格尔县城镇基础设施极度落后，城市功能极不完善，这种落后的局面，不但给人民生活带来极大的不便，而且对第三产业的发展、和林格尔整体投资环境的改善以及经济和社会的持续发展带来极为不利的影响。为了推动第三产业的发展，进一步改善投资环境，创造经济与社会持续发展的条件，提高人民生活水平。县委和政府决定确立城镇建设与管理工程，完善城镇的城市功能。小城镇建设的重点是，建设和改善城镇间的公路交通，促进城镇道路街区布局的合理化，改进和完善城市交通、通信、住宿、餐饮、旅游、文化、卫生等基础设施的条件和服务功能。

园区建立初期就确定了产业方向，是农业产业化的一个关键问题，产业方向定位的失误必然导致产业化的失败，和林格尔县委和政府在探索产业方向的过程中认识到，产业方向的定位要依据对市场需求的科学调研，同时要考虑自身的资源优势，市场需求和资源优势是农业产业化必备的 2 个条件。在坚持这一原则的基础上，和林格尔县委和政府经过几年的实践和反复的探索逐步确立了具有市场发展潜力的重点产业，并通过实施若干重大工程来推进其产业化和工业化的进程。

经过 1999～2000 年 2 年的实践探索和经验总结，园区于 2001 年明确制定了围绕 1 个目标，重点培育 6 个产业，全面实施八大工程，突出办好 8 件实事的“1688”发展战略。

围绕一个目标，就是要以建成生态园区和实现“两个提高”为目标。坚持发展是硬道理，能快就不要慢。

重点培育6个产业,就是全县要重点培育奶牛产业、马铃薯产业、麻黄草产业、柠条产业、肉食品产业和旅游产业。

全面实施八大工程,就是要农村改革创新工程、盛乐经济园区建设工程、生态环境建设工程,城镇建设与管理工程、现代农业示范园区建设工程、黑色路面建设工程。

突出办好8件实事包括:一是完成0.67万公顷生态工程建设;二是呼和浩特市兆君羊绒衫厂建成并投产;三是完成南山生态公园年度建设工程;四是开通2千米的城关镇新民东街;五是完成农村电网改造年度任务;六是引进柠条深加工企业,七是完成1000枚奶牛良种胚胎移植任务;八是和林格尔大酒店投入运行。

通过实施"1688"发展战略,通过园区的发展带动全县经济实现了快速良好的发展。到2002年底,全县国内生产总值达到了17.8亿元,,全县财政收入达到了1.05亿元,城镇居民人均可支配收入达到了4518元,农民人均收入达到了2068元,初步摆脱了贫困。

在新的形势下,园区管委会在坚持大的思路和方针不变的前提下,对"1688"发展战略做出了新的调整和定位:1个目标,是以全面建设小康社会为目标。6项产业是奶牛产业、肉食品产业、马铃薯产业、草产业、沙棘柠条产业、文化旅游产业。八大工程是生态环境建设工程、农业综合开发示范园区建设工程、盛乐经济园区建设工程、前夭子水库续建工程、城镇建设与管理工程、盛乐百亭园建设工程、农业基础设施建设工程、科教及社会进步工程。8件实事是,前夭子水库大坝2002年竣工,蒙牛乳业四期工程建成投产,胜乐包装公司建成投产,宇航人高技术产业有限开发公司二期工程建成投产,四铺至公喇嘛黑色路面建成通车,城关镇主要街道翻新改造完工,农网改造工程有新进展,内蒙古师范大学新校区建成。

推进农业产业化战略的实施,解决资金、技术问题是园区面临的最大困难，在分析和研究解决这一问题的探索过程中，园区认识到，实现农业产业化需要具备 2 个方面的要素，其一是资源优势，其二是资金、技术与市场开发能力。根据和林格尔县在资金、技术、人才上极度缺乏的现实，只有通过资源优势吸引进具有资金、技术、市场开发能力的企业，与其形成战略合作伙伴关系，通过双方的共同努力实现共赢，才能推动农业产业化的进程。从和林格尔县的具体情况来看，其可挖掘的资源包括：市场资源、自然资源、土地资源、存量资源、服务资源、荣誉资源等。基于上述分析，县委和政府认为，在推进农业产业化的过程中，县委和政府的中心任务是，通过制定一系列的优惠政策，优化、整合、激活这些资源，以形成吸引投资的竞争优势，推动农业产业化进程的顺利进行。

然而，如此浩大的工程必须要通过招商引资来解决燃眉之急。可是，当时县里的财政已经拮据到连干部的工资都发不出来了，有谁还肯为经济园区的开发项目垫资呢？盛乐园经济园 1995 年 5 月开工建设以来，本着“筑巢引凤”和“引凤筑巢”同步进行的原则，边加快基础设施建设步伐，边加大招商引资力度。现在园区内水、电、路、汽、热、通讯等“七通一平”基础设施配套齐全，到 2003 年，园区已经引进 281 家工商企业，其中生产型企业 33 家，引进资金 65 亿元人民币。蒙牛乳业、兆君羊绒、绿鑫冷冻、宇航人沙棘、大正美联等 9 家企业成为和林格尔县农牧业产业化发展的龙头企业。

内蒙古蒙牛乳业股份有限公司入区建设并能够超速，是盛乐园区和和林格尔经济发展能够取得巨大成功的关键一步。可以说，没有盛乐经济园区就不会有蒙牛这样的龙头企业入驻和林格尔，和林格尔经济社会发展的历史就要重写。反过来，没有和林格尔的盛乐园区，蒙牛就很难找到合适的发展平台，也就很难说会有今天这样的辉煌。和林格尔、盛乐园区、蒙牛乳业就这样结下了不解之缘。

蒙牛乳业进入盛乐经济园区，是具有戏剧性的。1999年，内蒙古的著名企业伊利乳业集团的三分厂和四分厂已经落户和林格尔，乳业的发展前景十分看好。就在这时，今天的蒙牛老总牛根生从伊利独立出来，要另起炉灶，再建一个驰名中国和世界的乳业品牌企业。

由于1999年呼和浩特市地区已经有了伊利这样一个大型的乳业公司，因而对要不要支持蒙牛，甚至允不允许蒙牛在呼和浩特市地区落脚，也存在着一定的争论。特别是涉及到土地政策等问题时，人们对要不要给蒙牛适当的优惠，也存在许多分歧。在这种情况下，和林格尔县委、县政府一班人顶住各种压力，采取各种办法，帮助蒙牛在盛乐经济园区立住了脚跟，并且很快发展起来。

从1999年5月28日动工，和林县领导和盛乐园区为蒙牛乳业做了大量的服务工作，从协调筹集资金，到提供各种服务保障，做到了尽心竭力、无微不至。蒙牛乳业动工的时候，没有电，盛乐园区就给他们借发电机发电；需要用水，就给他们拿罐车灌水，用水的位置高了就给他们用消防车往上压水；需要汽就找热力公司，全力保证他们的用汽。

蒙牛乳业公司的发展是超常规、跳跃式的。它起步于“虚拟联合”，落脚于创建自己的根据地，做法是“先建市场，后建工厂”。1999年，公司“房无一间，地无一垄”，有的只是脚踏实地、肩膀上扛着的几个脑袋。这时候，发展的欲望萌生了“虚拟联合”的念头，不是有那么多的企业有工厂没市场吗？针对这种情况，蒙牛乳业公司发挥自身的人才和市场营销优势，投入品牌、管理、技术，采取托管、承包、租赁等方式，与内蒙古自治区区内和区外8家乳品企业合作，盘活了约7.8亿元的资产，第一年就实现销售收入4365万元。在一边搞虚拟联合的同时，他们一边建自己的工厂。1999年底“一期”工程胜利竣工，2000年“二期”工程胜利竣工，到2004年“五期”也即将胜利竣工。目前在中国乳业排行榜中，蒙牛乳业已经跃居前三位，2002 年荣登中国成长企业 100 强榜首。2003 年蒙牛乳业的当家人牛根生在中国十大经济人物中名列前茅。

蒙牛乳业等龙头企业的超速发展带来了和林格尔经济结构的重大调整，农民、农业和农村的面貌发生了根本性的变化。表现为，农业生产围绕着工业发展转了。过去的农业是能生产什么就生产什么，现在是企业需要什么就生产什么。特别是奶牛业的发展，极大地改变了农民的生产和生活状况，农民们开始围着牛转了。正如老乡们编的那样，“家有一头牛，吃穿不用愁；家有两头牛，三年住上小洋楼”。

今天的和林格尔县经济已经进入良性发展的快车道，县委县政府思路明确：一定要把盛乐经济园区打造成为以农副产品加工转化为主导，食品加工业为核心的非常有特色的工业园区。

在盛乐经济园区的建设中，和林格尔县致力于观念更新和制度创新，一是牢固树立“先予后取，舍近求远”的利益观，兼顾生态、经济、社会效益，局部利益和近期利益服从于全局利益和长远利益，创造宽松环境，培植壮大一批有发展前景的支柱产业；二是坚持政企分开的原则，发挥两个“极致”，即把政企不分开的劣势降到最小，把企业不分开的优势发挥到最大。三是社会办区，聚集要素。园区的供水、通电供热、供汽、通讯、通邮、通车等基础设施建设项目，全部推向市场，交由社会力量或企业来办，使园区成为聚集生产力要素的场所；四是社会办企业，组合要素。目前，为蒙牛乳业公司服务的 400 多台汽车没有 1 台是自己的，150 多个奶站，兆君羊绒衫厂职工公寓都是通过社会融资兴建的，体现了政企分开、社会办企业的思想。园区 1999 年初动工，当年实现销售收入 4 300 万元，2000 年实现销售收入突破 3 亿元，2001 年完成销售收入 10 亿元，3 年累计纳税 8 000 多万元，园区安置就业达 6 000 多人，基本上实现了“1 年起步，2 年发展，3 年见效”的近期目标。

大力改善投资环境，在现阶段，招商引资的竞争不仅仅是优惠政策的竞争，而是综合服务环境的竞争。只有牢固树立“企业发财、我们发展”的意识，给予外地的投资者兴办企业与本地企业同样照顾多方面支持他们发展壮大，才能吸引客商。鉴于此，和林格尔努力做到“三明”，即在开放工程总体谋划上要高明。站得高、看得远；在具体项目洽谈中要开明，要算大账，不拘泥蝇头小利，先予后取；在对项目的后期管理上要精明，特别是对落户园区的企业要尽园区一切之力为企业排忧解难，想企业之所想，急企业之所急，坚持“全方位开放，与国际惯例接轨，按市场经济规律办事”的原则，建立精干、高效的管理体制，实行“小政府、大社会”、“内循环”、“一站式”服务的运行机制，提倡“投资者即上帝”、“客户第一”、“人人是投资环境，事事是信誉形象”、“新事新办、特事特办”以及“言必行、行必果、令必通、干必成”等一套新的办事方式。精干的管理服务体制推动了高效率的动作，为客商提供了快速、便捷的服务条件。不少来园区投资的客商满口称赞，感到来这里投资办厂心里踏实。这主要采取了如下几种办法：一是改善投资环境。对已经陈旧过时而且同中央政策相悖的各种文件规定，做到该废除的废除，该修订的修订，该完善的完善。对中央目前尚无明确规定，而在开发中又迫切需要解决问题的问题；一方面按照三个有利于的标准，大胆创新，大胆实践。从目前入区的企业来看，优惠政策上都做到了心中有数，算大帐、算长远的利益帐，该免的免，该减的减、充分体现了“先让小利、后得大利”的原则。在土地方面，制定了以下几种优惠办法。即凡属区、市、县鼓励发展倡导的产业或投资在5000万元以上的企业无偿划拨土地；投资在5000万元以下的企业，采取一事一议、一企一策的办法给予优惠。也采取量化的办法，凡在规定时限内，企业完成了园区管委会下达的考核指标，土地无偿划拨，完成一半出50%的土地出让金（每公顷45万元），完成一半以下的为有偿出让。如内蒙古蒙牛乳业股份有限公司，在园区扩建乳品生产基地时，与园区签订了如下协议，若到2005

年，蒙牛公司销售累计达到 100 亿元，税金累计 8 亿元，预留的 24.2 公顷土地变有偿出让为无偿划拨；若完成上述指标的一半以内，不返还土地出让金。在税收方面，地方所得税采取“免五减五”的办法，国税地方留成部分的 50%，5 年内返还给企业，对高新技术企业从投产之日起，前 5 年所得税给予全额返还，后 5 年返还 60%；三资企业从该企业获利年度起，前 3 年所得税给予全额返还，后 5 年返还 60%；其他企业，从该企业投产之日起，前 3 年所得税给予全额返还，后 3 年返还 60%。二是改善法制环境。园区建设，完全通过市场机制来运作，本着“发展是硬道理”的原则，依法制区，依法管理，努力为投资者营造一个高效、公正、公平的法制投资环境。三是改善服务环境。我们积极帮助企业办理各种县以外的手续，帮助企业进行资金筹集及运作，帮助争取金融部门的支持；帮助企业巩固和发展原料基地；帮助企业开拓市场，帮助企业把入区合同以外的事情能办得更好，给企业以关怀，给企业以真诚，给企业以实实在在、尽心竭力的帮助，这也是能够引进企业或继续引进企业最重要的条件。这样，园区与企业的关系达到了一种水乳交融、相互依存、相互发展、共同提高的境界。蒙牛公司在入区建厂时，园区管委会针对蒙牛公司初建资金不足的现状，无偿给蒙牛公司垫进了 50 多万元的填土方资金。在蒙牛公司入区过程中的贷款、股票上市等，园区管委会给予全力支持。企业入区洽谈项目，园区管委会无偿提供吃、住方面的服务。县委、政府特别重视，全力支持，可以说达到了“全程服务”。

参考文献

[1] 国务院关于深化改革加强基层农业技术推广体系建设的意见．国发[2006]30号．

[2] 农业部关于贯彻落实《国务院关于深化改革加强基层农业技术推广体系建设的意见》的意见．农经字[2006]29号．

[3] 科技部、人事部关于开展科技特派员基层创业行动试点工作的若干意见．国科发改字[2004]542号．

[4] 戴小枫．深化农业科技体系改革，加快建设国家新型农业科技创新体系．国家农业科技创新体系建设参考资料汇编(一)，2005.

[5] 北京市人事局．关于加强自主创新人才队伍建设的若干政策措施．京人发[2006]83号．

[6] 翟虎渠．农业概论．北京：高等教育出版社，2002.

[7] 于永德．科技组织制度与农业技术进步．北京：中国农业出版社，2005.

[8] 刘东．新型农业科技服务体系的操作与创新．北京：化学工业出版社，2009.

[9] 郑永敏．农业推广协同理论．杭州：浙江大学出版社，2008.

[10] 高启杰．农业推广理论与实践．北京：中国农业大学出版社，2008.

[11] 李维生．构建我国多元化农业技术推广体系研究．北京：中国农业科学技术出版社，2007.

[12] 乔继平．浅谈农业技术推广的程序．科技情报开发与经济，2006(22).

[13] 樊启洲．农业技术推广体制改革研究．华中农业大学博士论文,2000.

[14] 景丽,苏永涛．新时期我国多元农业技术推广体系的构建探究．河北农业科学,2008(12).

[15] 王明文．新时期构建中国农业技术推广体系模式的研究．东北农业大学农业推广硕士学位论文,2003.

[16] 朱文长,殷雄．我国农业技术推广体系改革与创新的制度反思．中国科技论坛,2009 (2).

[17] 郭为民．我国农业技术推广体系改革研究．广西大学硕士学位论文,2006.

[18] 张锡金,刘涛,齐世军．我国农业技术推广体系的现状及存在问题．山东农业科学,2007(1).

[19] 袁纪东．中国农业技术推广体系的现状、问题及对策 西北农林科技大学硕士学位论文,2005.

[20] 农业部农村经济研究中心课题组.我国农业技术推广体系调查与改革思路.中国农村经济,2005.

[21] 我国农业技术推广体系问题及对策的研究.中国农业大学硕士论文,2004.

[22] 高启杰.我国农业推广投资现状与制度改革的研究.农业经济问题,2002(8).

[23] 黄季焜、胡瑞法.中国农业科研投资:效益、利益分配及政策含义.中国软科学,2000(9).

[24] 耿传刚．农业技术推广体系问题研究——以山东省为例．山东农业大学硕士学位论文,2007.

[25] 黄季焜,胡瑞法,智华勇．基层农业技术推广体系 30 年发展与改革:政策评估和建议．农业技术经济,2009(1).

[26] 孙联辉．中国农业技术推广运行机制研究．西北农林科技大学博士论文,2003.

[27] 陈玲．农业科技推广工作的误区辩解．重庆社会科学,1994(4).

[28] 田素妍,李玉清．试析我国农业技术推广主题行为及对策建议．农业经济,2009(4).

[29] 卢进勇．政府与企业招商引资战略和操作事务．北京:对外经贸大学出版社,2006.

[30] 姜明生．招商引资实用知识读本．北京:中国言实出版社,2004.

[31] 张旭,杨运杰,吴疆．流动资本与招商引资．北京:中国经济出版社,2001.

[32] 赵晋平．利用外资的国际经验比较．中国外资,2001(1).

[33] 陈剑峰,潘百翔．长三角县域招商引资成功案例解读．商业时代,2005(5).

[34] 梁能．国际商务．上海:上海人民出版社,1999.

[35] 黄晓玲．国际投资促进:组织机构建设与方法创新．国际经济合作,2003(3).

[36] 康容平．大型跨国公司战略新趋势．北京:经济科学出版社,2001.

[37] 中国商务部．中国外商投资报告(2006). 北京:公共商务信息服务出版社,2006.

[38] 李薇薇,胡向荣．招商引资运作方略．长沙:湖南大学出版社,2003.

[39] 林康．跨国公司与跨国经营．对外经济贸易大学出版社,2000.

[40] 卢进勇．入世与中国利用外资和海外投资．对外经贸大学出版社,2001.

[41] 卢进勇．国际直接投资理论与政策．对外经贸大学出

版社,2006.

[42] 卢进勇,杜奇华,闫实强．国际投资与跨国公司案例库．对外经贸大学出版社,2005.

[43] 鲍晓华,王磊．贸易促进和投资促进的国际经验及借鉴．经济月管理研究,2002(5).

[44] 冯雷,杨圣明,王迎新．英国出口贸易与海外投资促进体系．财贸经济,2003(4).

[45] 郝红梅．对我国外商投资促进工作的几点建议．中国对外贸易,2001(3).

[46] 联合国贸易与发展会议．世界投资促进一瞥:投资促进实践调研(内部资料). 中国国际投资促进中心,2003.

[47] 王爱香,韩立民．投资促进的涵义、体系设计与实施要素分析．东方论坛,2004(6).

[48] 于越洋．革新观念,加强服务,努力完善具有中国特色的投资促进体系．中国外资,2004(8).